Cornelius Riese

Arbeitgeber-Attraktivität und Führung

Cornelius Riese

Arbeitgeber-Attraktivität und Führung

Ein Impulsgeber

Frankfurter Allgemeine Buch

Bibliografische Information der Deutschen Nationalbibliothek
Die Deutsche Nationalbibliothek verzeichnet diese Publikation in der Deutschen Nationalbibliografie; detaillierte bibliografische Daten sind im Internet über http://dnb.d-nb.de abrufbar.

Hinweis
Wir sind uns bewusst, dass die Haltung zum Thema Gendern durchaus vielfältig ist. In dieser Publikation haben wir zugunsten einer besseren Lesbarkeit hauptsächlich das generische Maskulinum verwendet, womit wir immer zugleich weibliche, männliche und diverse Personen meinen.

Frankfurter
Allgemeine
Buch

Frankfurter Allgemeine Buch
Pariser Straße 1
60486 Frankfurt am Main

Umschlaggestaltung: GABC GmbH, gabc.partners
Umschlagbild: AI generated by GABC
Layout und Satz: schreiberVIS, Seeheim
Druck: CPI Books GmbH, Leck
Printed in Germany

1. Auflage
Frankfurt am Main 2024
ISBN 978-3-96251-206-4

Frankfurter Allgemeine Buch hat sich zu einer nachhaltigen Buchproduktion verpflichtet und erwirbt gemeinsam mit den Lieferanten Emissionsminderungszertifikate zur Kompensation des CO_2-Ausstoßes.

Klimaschutz-Beitrag
mit
First Climate.com
2024
CO_2-Zertifikate

Inhalt

1. Motivation

Arbeitgeber-Attraktivität ist die zentrale Erfolgsvoraussetzung von Organisationen jedweder Natur. Sie hat eine im wahrsten Sinne des Wortes fundamentale Bedeutung zur Bewältigung ihrer strategischen und alltäglichen Herausforderungen.

Gute Führung wiederum ist die Grundlage und somit die notwendige Bedingung für eine nachhaltig hohe Arbeitgeber-Attraktivität. Beide Aspekte des Wirkens in und der Wirkung von Organisationen sind untrennbar miteinander verbunden.

Viele Jahrzehnte hat diese Erkenntnis ein oftmals anekdotisches und wissenschaftsnahes Nischendasein geführt. Erst mit der konkreten Sichtbarkeit des demografischen Wandels und den Nachwirkungen der Coronapandemie entwickelt sie sich zum Allgemeingut. So überrascht es nicht, dass es an der Umsetzung vielerorts noch zu hapern scheint.

Zielsetzung dieses Textes ist, Denkanstöße zu geben, wie Arbeitgeber-Attraktivität und Führung institutionell und individuell gestaltet werden können.

Ratgeber in diesem Umfeld sind derweil zahlreiche verfasst. Oftmals weisen sie einen Anspruch der Allgemeingültigkeit und eine hohe konzeptionelle Geschlossenheit auf. Bei deren Lektüre haben mich regelmäßig Zweifel begleitet, ob Struktur,

Systematik und Checklisten beim Lernen in diesem Terrain wirklich geeignete Formate sind.

Insofern soll die vorliegende Publikation kein Rat-, sondern ein Impulsgeber sein. Jeder mag seinen persönlichen Zugang finden: die einzelne Aussage, die Facette am Rande als Inspiration zum Nachdenken, zur Reflexion und zur persönlichen Entwicklung.

Ich selbst durfte mich in der eigenen beruflichen Rolle, auch und gerade in den letzten Jahren, intensiv mit den Themen der Arbeitgeber-Attraktivität und Führung auseinandersetzen. Im ersten Schritt stelle ich daher meine persönlichen Erfahrungen in komprimierter Alphabetform dar.

Eine Frage ergibt sich daraus unmittelbar: Wie sinnvoll, wie repräsentativ und anwendbar auf andere Branchen und Institutionen sind diese Erkenntnisse? Vor diesem Hintergrund wird im zweiten Schritt eine Spiegelung, nüchterner formuliert eine Qualitätssicherung erfolgen.

Ich bin sehr dankbar, dass sich zu diesem Zweck renommierte Unternehmer- und Führungspersönlichkeiten der Wirtschaft bereit erklärt haben, über das Alphabet zu reflektieren und ihre Erfahrungen und Empfehlungen zu teilen. Allen Gesprächspartnern ist gemein, dass ich sie in unterschiedlichen Kontexten kennenlernen durfte und mich ihr Wirken beeindruckt hat.

Auf der einen Seite sind sie als Familienunternehmer oder angestellte Manager heterogen, unterscheiden sich zum Beispiel in Branchenzugehörigkeit, Lebensalter, Geschlecht, Charakter und Funktionen. Auf der anderen Seite schien mir auch eine gewisse Homogenität im Sinne der Repräsentanz von großen, etablierten Unternehmungen sinnvoll.

Jenseits dieser vorliegenden Publikation wird es in Zukunft vielleicht von Interesse sein, auch die Erkenntnisse von Führungskräften aus anderen gesellschaftlichen Feldern, sei es der Politik, dem Militär, der Wissenschaft oder dem Start-up-Umfeld einzubeziehen.

2. Alphabet der Arbeitgeber-Attraktivität und Führung

Ein Alphabet ist etwas sehr Grundsätzliches, gleichsam das Periodensystem der Sprache. Die Buchstaben sind die Elemente. Insofern ergibt sich daraus ein Ordnungsrahmen, der sich für eine strukturierte Darstellung eines Phänomens eignet und sich häufiger literarischer Verwendung erfreut.

Ungeachtet dessen könnte man kritisch anmerken, dass ein Autor damit zur Willkür verführt wird, gezwungen, auch für ungeeignetere Buchstaben erhellende Begriffe zu suchen.

Mir persönlich hat die Struktur des Alphabets geholfen, meine Beobachtungen, Erfahrungen und Erkenntnisse zu Arbeitgeber-Attraktivität und Führung verdichtet zusammenzuführen.

Es beginnt mit der „Augenhöhe“!

▸ Augenhöhe

Nicht nur in den sozialen Medien wird oftmals eine Verrohung der Menschen im Umgang miteinander konstatiert. In Unternehmen tragen Führungskräfte eine besondere Verantwortung, da ihr Verhalten stark in die gesamte Organisation ausstrahlt. Welche Grundeinstellung, welches Menschenbild sollte daher dem Handeln von Führungskräften zugrunde liegen?

Die Antwort: Augenhöhe und Wertschätzung (etwas pathetischer könnte man auch den Begriff „Liebe" verwenden). Im Kern geht es darum, alle Menschen als gleichwertig anzusehen. Nur weil jemand eine Funktion innehat, ist er oder sie nicht ein wichtigerer Mensch. Umso mehr, da Funktionen per Definition auf Zeit angelegt sind. Ein Mensch ist einem anderen oftmals in einzelnen Fähigkeiten überlegen, nicht aber als Ganzes. Augenhöhe äußert sich in Respekt und Höflichkeit.

Ein Spektrum der Einstellung von Menschen gegenüber anderen reicht von Wertschätzung bis Misstrauen. Letzteres in starker Ausprägung äußert sich oftmals in übertriebener Kontrolle, hierarchischem Denken bis hin zu cholerischem Verhalten. Wertschätzung hingegen bezeichnet ein positives Menschenbild, basierend auf dem Interesse am anderen, Vertrauen und Befähigung.

Langfristig und nachhaltig werden Führungskräfte und Organisationen erfolgreicher sein, die Menschen mit diesem Wertegerüst an sich binden.

▸ Bekenntnis

Menschen haben ein feines Gespür dafür, was andere antreibt. Eigennützige Motive oder das große Ganze? Die besten Kronzeugen sind die Fans auf den einschlägigen Stadiontribünen. Ist es wichtiger, was vorn (der Verein) oder was hinten (der Spielername) auf dem Trikot steht?

Für die persönliche Glaubwürdigkeit einer Führungskraft ist das zweifelsfreie und eindeutige Bekenntnis zu „ihrem" Team, „ihrer" Organisation entscheidend.

Schwieriger durchzuhalten ist die Bekenntnistreue häufig in beruflichen Frustrationssituationen, die bekanntermaßen auch vorkommen. Aber: Es gibt kaum etwas Schädlicheres für alle Beteiligten, als einmal oder sogar regelmäßig mit dem Verlassen des anvertrauten Teams im öffentlichen Raum zu kokettieren.

▸ Coaching

Ein elementarer Bestandteil von Führung ist, Teammitglieder dabei zu unterstützen, persönlich zu wachsen und damit ihre Aufgabenstellungen in der Organisation noch wirksamer zu erfüllen sowie weitere übernehmen zu können. Diese Unterstützung kann verschiedene Ausprägungen besitzen: Vorgehensweisen infrage stellen, Hinweise zur persönlichen Wirkung geben, eigene Netzwerke zur Verfügung stellen. Der Begriff mag etwas abgedroschen sein: Doch diese Befähigung ist auch eine Form des Coachings.

Ein oftmals zu beobachtendes, nicht wünschenswertes Antiproportionalitäts-Gesetz: je höher die Führungsebene, desto geringer das Ausmaß an Rückmeldung und Coaching durch die nächsthöhere.

Ein wünschenswertes Proportionalitäts-Gesetz: je höher die Führungsebene, desto stärker der Anteil an Führungs- und Coaching-Aktivitäten für das Team (und desto geringer der Anteil an detaillierter Sacharbeit).

Ein Phänomen in vielen Organisationen: Die Führungsunterstützung bezieht sich meist auf die berufliche Welt. Dabei erfahren praktische Ratschläge an der Schnittstelle zwischen privater und beruflicher Sphäre (z. B. in Fragen der Lebensorganisation, der persönlichen Resilienz) oft eine besonders hohe Wertschätzung.

▸ Diversität

Divers besetzte Teams besitzen eine höhere Leistungsfähigkeit. Der Sport eignet sich als Referenz im besonderen Maße. Eine Fußballmannschaft bestehend nur aus Mittelstürmern wird es schwer haben, Spiele zu gewinnen. Dabei hat Diversität viele Dimensionen. Mit am prägendsten ist in der Hinsicht die Entwicklung des Anteils von Frauen in Führungspositionen. Viel hat sich hier schon bewegt; es bleibt zu hoffen, dass die Zukunft nicht allzu fern ist, in der das Stadium der Selbstverständlichkeit erreicht ist.

Mindestens genauso bedeutsam sind weitere Dimensionen. Sind beispielsweise die Aussichten für eine Organisation günstig, wenn die Leitung nur aus Menschen um die sechzig besteht, oder um die dreißig? Oder wenn ganze Führungsebenen überwiegend aus ehemaligen Beratern zusammengesetzt sind? Oder diese sich eher im Innendienst zu Hause fühlen, aber seltener Begeisterung beim Kunden entfachen?

Personalentscheidungen sind die wichtigsten Führungsentscheidungen. Dabei ist die Gefahr von individuellen Verzerrungen besonders groß, zum Beispiel durch den Bias, dass Führungskräfte dazu neigen, ihr eigenes Profil wieder zu rekrutieren.

Zeiteinsatz, Sorgfalt und Objektivierung sind daher zentral, zum Beispiel über den Einsatz unabhängiger Auditoren. In erster Linie zum Wohle der Organisation, erst in zweiter Linie zum Zwecke der Diversität.

Anekdotisch: Es gibt auch Fortschritte anderer Art – man erinnere sich daran, dass es noch nicht so lange her ist, dass in Lebensläufen der Beruf der Eltern angegeben wurde.

▸ Entscheiden

Führung ist eine Dienstleistung für die Organisation. Kern dieser Dienstleistung ist das Entscheiden. Nichts lähmt eine Organisation mehr als nicht entscheidungsfähige oder -freudige Führungskräfte.

Besonders beliebt und ausgesprochen schädlich in Organisationen sind „heiße Kartoffel"-Phänomene, die es in einer horizontalen und einer vertikalen Ausprägung gibt.

Horizontal: Ein unangenehmes Thema, schwierig zu entscheiden, viele Vor-, aber auch gewichtige Nachteile, wird auf mittlerer Führungsebene hin- und hergeworfen. Niemand will verantwortlich sein, viele haben sachdienliche Hinweise, keiner will die schwierige Situation an die relevanten Führungskräfte kommunizieren. Die Zeit vergeht, Ressourcen werden verschwendet.

Vertikal: Ein unangenehmes Thema, jedoch vorbildlich aufbereitet, alle Aspekte sorgfältig analysiert, wird von einem Team der Führungskraft präsentiert. Sie traut sich die Entscheidung allerdings nicht zu, ist unsicher, was sie tun soll, hat den rettenden Ausweg, um irgendwie gesichtswahrend aus dem Gespräch zu kommen: (sinnlose) Folgeaufträge verteilen. Immer wieder. Die Tretmühle läuft, die Zeit vergeht, Ressourcen werden verschwendet.

Die Kunst des Entscheidens benötigt insbesondere zwei Zutaten: zum einen die effiziente Ausgestaltung von Prozessen der Entscheidungsvorbereitung, zum anderen den Mut, dann auch zu springen.

▶ Führungskräfte

Prägend für viele Organisationen ist, dass es eine höhere Anzahl an Mitarbeiterinnen und Mitarbeitern gibt, die sich eine Führungslaufbahn wünschen, als verfügbare Positionen. Dies gilt auf jeden Fall für die Vergangenheit. In der Gegenwart gibt es gegenläufige Tendenzen: bewusste Entscheidungen gegen Führungsrollen. Diese Tendenzen sind verständlich, denn die Anforderungen an Führungskräfte nehmen zu. Das mag eine triviale Aussage sein, gilt aber im Besonderen für die letzten Jahre.

Drei (hypothetische) nicht zweckmäßige Zitate von Führungskräften mögen das verdeutlichen:

„Ich kann meine offenen Stellen nicht besetzen, weil mir die Personalabteilung keine Lebensläufe liefert." Personalgewinnung und -bindung sind sicherlich herausfordernder geworden. Gleichzeitig sind sie eine nicht delegierbare Verantwortung der Führungskraft. Dazu gehört auch ein persönliches Netzwerk außerhalb der Organisation. Der Personalabteilung kommt die Rolle des (idealerweise hochprofessionellen) Unterstützers zu.

„Die Unternehmensleitung lässt mich im Stich, weil sie keine festen Vorgaben für die Arbeitszeit im Büro macht." Mobiles Arbeiten hat stark an Bedeutung gewonnen, somit auch die Notwendigkeit, betriebliche und individuelle Interessen in einer klugen Arbeitsplanung zu verbinden. Geschick und Konsequenz bei dieser Aufgabenstellung ist Führungsqualität. Der Unternehmensleitung obliegt die Aufgabe, diese Qualifikationen zu fördern.

„In meiner Zielvereinbarung sollen Themen verankert werden, die ich nicht allein beeinflussen kann. Das macht keinen Sinn." Es wird viel experimentiert und philosophiert über die Frage, wie eine stärkere Prozess- und Kundenorientierung in Organisationen erreicht und Silos vermieden werden können.

Wie auch immer man es angeht, teamübergreifende Ziele entlang der Prozesskette sind zwingend und als Gemeinschaftsleistung auch beeinflussbar.

▸ Generationen

Das Durchschnittsalter von Organisationen ist selbstredend unterschiedlich, in hiesigen Breitengraden jedoch oftmals in der zweiten Hälfte der Vierziger. „Verjüngung" wird oftmals fälschlicherweise als Ziel ausgerufen, dabei geht es realistischerweise eher um das „Halten", das heißt zu vermeiden, dass das Durchschnittsalter jedes Jahr um eines zunimmt und die Organisation mit sich selbst altert.

So oder so ist nicht nur der Durchschnitt relevant, sondern auch die Spannbreite. Sie beträgt in Organisationen häufig bis zu 50 Jahren, somit Menschen unterschiedlicher Generationen und Prägungen. Eine unterschätzte Herausforderung: Wie können Organisationen in dieser Breite ein attraktiver Arbeitgeber sein?

Zum einen helfen Unternehmenszweck und -werte, die agnostisch, generationenübergreifend sind. Zum anderen sollte die Ansprache zielgruppenbezogen sein und gleichzeitig ausgewogen. Eine ausschließliche kommunikative Fokussierung auf die jüngere Belegschaft kann zu Reaktanz in der Mehrheit führen. Mögliche Kommentare können dann sein: „Ist der Jugendwahn ausgebrochen?", „Uns gibt es übrigens auch noch". Besonders wichtig sind Verbindendes und Brückenbauendes, zum Beispiel Mentoring und Reverse Mentoring.

▶ HR-Prozesse

Mit Hingabe widmen sich Organisationen ihren Geschäftsfeldern und Kernaktivitäten. Ausgefeilt und messbar sind beispielsweise Produktionsprozesse in der Industrie oder Kreditprozesse in Banken.

Wenn es zutrifft, dass Arbeitgeber-Attraktivität eine überlebenswichtige Bedeutung hat, dann wäre zu erwarten, dass auch die Prozesse der Personalarbeit einem vergleichbaren Niveau an Transparenz und Messbarkeit unterliegen.

Testfragen: Gibt es eine strategische Personalplanung, die wirklich dabei unterstützt, in fünf Jahren die richtigen Fähigkeiten in der Organisation zu haben? Wie lange ist die durchschnittliche Besetzungsdauer in den drei kritischsten Jobprofilen? Was sind die wesentlichen Gründe für die erhöhte Fluktuation von Young Professionals?

Jeder mache sich sein eigenes Bild. These: Oftmals gibt es in Sachen Mess- und Steuerbarkeit noch viel zu tun.

▶ Innen gleich außen

Organisationsgrenzen zerfließen. Waren Organisationen früher Pflanzen, sind sie heute eher Ökosysteme. Waren sie früher Planwagen, sind sie heute eher Karawanen. Selbst wenn die Absicht bestünde, es lassen sich keine Informationen verbergen. Der innere Zustand des Unternehmens ist nach außen transparent.

Die Konsequenz ist eindeutig: Führungskräfte müssen nach innen wie nach außen konsistent, transparent und damit authentisch agieren. Eine Arbeitgebermarke kann nur abbilden, was auch in der Realität vorliegt. Zumal die Grenzen zwischen

Innen- und Außenwelt gerade in diesem Bereich zum Beispiel durch Bewertungsplattformen für Arbeitgeber besonders verschwimmen.

▸ Job

Für viele Menschen ist ihre berufliche Aufgabe eine Berufung. Je größer der zeitliche Einsatz für die Tätigkeit, was naturgemäß gerade bei Führungskräften der Fall ist, umso wünschenswerter ist ein solches Empfinden.

Eine häufige Herausforderung: Eine Führungskraft findet ein hohes Maß an Erfüllung und Bestätigung in ihrer Aufgabe. Ihre bewusste oder unbewusste Erwartungshaltung ist, dass dies bei jedem Teammitglied auch so sein muss. Für manche im Team ist der Beruf allerdings in erster Linie ein Job. Sie leisten einen wertvollen Beitrag auf mittlerem Niveau, haben aber keine weiteren Ambitionen.

Der Konflikt ist häufig vorprogrammiert. Insbesondere dann, wenn Menschen aus „höher-schneller-weiter“-Organisationen (mit „Up-or-out-Prinzip“), zum Beispiel Unternehmensberatungen, in Linienführungsfunktionen von Unternehmen in anderen Branchen wechseln. Die Kunst besteht darin, nicht aus allen Hochleistungssportlern machen zu wollen, sondern jeden im Rahmen seiner Möglichkeiten zu motivieren, den bestmöglichen Beitrag zu leisten.

▸ Kommunikation

Viele Rhythmen prägen den Jahresverlauf einer Organisation. Etabliert sind die Kalender der Finanzkommunikation und Gremien, Termine für Aufsichtsratssitzungen werden schon

Jahre im Voraus geplant. Eine vergleichbare Stringenz und Sensibilität für die Kommunikation mit der Belegschaft und den Führungskräften sucht man dagegen in vielen Unternehmen vergebens, obwohl sie dringend geboten wäre.

Dabei tritt regelmäßig ein Zielkonflikt auf: Direkte Kommunikation an die Belegschaft (digital oder physisch) wird zu Recht gefordert, zeigt Wertschätzung und Nahbarkeit und ist besonders wirksam. Dies gilt umso mehr, da die kaskadenartige Kommunikation über die Hierarchieebenen meist nicht funktioniert, aufgrund von „Lehmschichten" nicht durchdringt. Die Folgen davon sind verschiedene Informationslagen und die resignative Erkenntnis, „man erfahre so oder so alles nur über den Flurfunk".

Auf der anderen Seite ist es aber zwingend, die Führungskräfte in die Kommunikations- und Informationsprozesse einzubinden, um Unterstützung zu gewinnen und Überraschungen zu vermeiden. Dem Zielkonflikt kann man nicht ausweichen, man kann ihn nur gestalten: alle Instrumente nutzen, in einer sehr gut geplanten und aufeinander abgestimmten Form.

Eine weitere Erkenntnis der letzten Jahre lautet: Interne Kommunikationskanäle, zum Beispiel ein lebendiges Intranet (mit Kommentarfunktion), sind zentrale Orte für die Unternehmenskultur. Mit Hausmitteilungen zu strategischen oder praktisch die Belegschaft betreffenden Themen sollte sich die Unternehmensleitung mindestens genauso sorgfältig beschäftigen wie mit ihrem Bericht an den Aufsichtsrat.

▶ Lernen

Die Notwendigkeit des lebenslangen Lernens ist inzwischen ein Allgemeinplatz. Manchmal gewinnt man den Eindruck, es sei ein Thema, das immer eher andere betreffe, vielleicht Menschen in aussterbenden Berufsbildern, sicherlich aber nicht etablierte Führungskräfte.

Das Gegenteil ist der Fall. Wie können Führungskräfte von ihrer Organisation und ihren Mitarbeiterinnen und Mitarbeitern die Bereitschaft zum Lernen erwarten, ohne es selbst zu tun? Je dynamischer und sich beschleunigender das Umfeld, umso größer die Notwendigkeit.

Die Intensität des Lernens ist sicherlich nicht linear. Insbesondere Phasen der Übernahme von neuen Aufgaben und Verantwortlichkeiten erfordern ein höheres Maß.

Ausgewählte Testfragen an sich selbst: Wie gehe ich mit Impulsen um, die ich bekomme, aber nicht direkt zur weiteren Bearbeitung in die Organisation geben kann? Welche Instrumente zum Lernen habe ich über die Zeit entwickelt? Nehme ich mir dafür außerhalb des operativen Hamsterrads Zeit?

▶ Mobiles Arbeiten

Bei Diskussionen um das mobile Arbeiten schlagen die Emotionen häufig hoch. Manchmal wird das Thema zu einer Frage der Weltanschauung hochstilisiert. Umso mehr sind Sachorientierung und Pragmatismus gute Ratgeber.

Es steht außer Zweifel, dass eine Präsenzkultur im negativen Sinne („Ich glaube Dir nur, dass Du arbeitest, wenn ich Dir über die Schultern schauen kann") weder zeitgemäß noch zielführend ist. Genauso wenig fruchtbar ist eine Konstellation der Absenzkultur, in der es keine gemeinsame Zeit mehr im Büro gibt.

Wie so oft ist es eine Frage des Mittelweges. Wie wird dieser gefunden? Zentrale organisationsweite Vorgaben oder dezentrale Festlegung in den Organisationseinheiten und Teams? Je heterogener die Aufgaben und Arbeitsorganisation (z. B. Vertrieb, Produktion), desto eher empfehlen sich flexible Regelungen vor Ort.

Idealbild: Führungskräfte und Teams finden gemeinsam, unter Berücksichtigung betrieblicher und individueller Erfordernisse, den optimalen Weg. Die eigentliche Herausforderung besteht darin, die Führungskräfte bei dieser neuen schwierigen Aufgabe zu unterstützen.

▸ Nachhaltigkeit

Arbeitgeber-Attraktivität ist eine zentrale Voraussetzung dafür, dass Organisationen nachhaltig erfolgreich sind und damit ihre Existenz sichern. Gleichzeitig ist es die Aufgabe von Organisationen, insbesondere Unternehmen, dazu beizutragen, dass ein nachhaltiger Umgang mit den endlichen Ressourcen stattfindet und gesamtgesellschaftliche Herausforderungen wie der Klimawandel bewältigt werden.

Spezialisten mit einem besonderen Kompetenzhintergrund in Nachhaltigkeits- und ESG-Themen sind dabei besonders gefragt. Sie setzen eine seltene Mischung aus technischen, ökonomischen, digitalen und politischen Fähigkeiten voraus.

Die hauptsächliche Aufgabe besteht darin, die gesamte Belegschaft vorzubereiten, denn Nachhaltigkeit ist eine Querschnitts-, eine Grundlagenkompetenz. Beruflicher Erfolg ohne Basiswissen beim Thema Nachhaltigkeit, ebenso Digitalisierung, wird in fast allen Berufsbildern schwierig.

Erprobte Testfrage zur Sensibilisierung (in Meinungsumfragen oder Führungskräfterunden): Wie viele Menschen in der Organisation wissen, wofür die Abkürzung SDGs steht (Spoiler: Sustainable Development Goals, Nachhaltigkeitsziele der UN)?

▸ Optimismus

In Zeiten von multiplen gesellschaftlichen Herausforderungen hat der Optimismus keine Hochkonjunktur. Es sollte aber eine bewusste Entscheidung sein, ob und in welchem Umfang man solche Stimmungen auf sich abfärben lässt.

Führung verlangt Optimismus gepaart mit Realismus, ohne Naivität. Wie kann ein Team die Überzeugung ausstrahlen, die Zukunft aktiv und erfolgreich zu gestalten, wenn die Führungskraft mit hängenden Schultern durch die Gänge schlurft?

Der immer noch hervorstechendste Gedanke zu diesem Thema stammt vom österreichischen Philosophen Karl Popper: Zum Optimismus gibt es keine vernünftige Alternative.

▸ Personalentwicklung

Das Spektrum an Instrumenten der Personalentwicklung ist bekanntermaßen groß und sollte sicher auch in seiner vollen Breite genutzt werden. Trotzdem fallen vielen hierzu spontan Begriffe wie Seminar ein und Bilder von renovierungsbedürftigen Tagungshotels formen sich vor dem inneren Auge. Keine produktiven Assoziationen.

Wenn es um moderneres, niedrigschwelligeres und partizipativeres Lernen geht, hilft ein Blick auf die Art und Weise, wie sich Schulkinder heute auf Arbeiten vorbereiten. Die Übertragung in die Unternehmenswelt hat schon längst stattgefunden: kurze, prägnante Tutorials, schnell verfügbar auf einer Lernplattform der Organisation, gegebenenfalls mit Gamification-Motivation.

Positive Begleiterscheinung: Da die Fachleute im Unternehmen die Hauptrolle in ihren Tutorials spielen können, werden oftmals ungeahnte pädagogische Talente offenkundig.

▸ Qualität

Was ist Qualität in der Führung einer Organisation? Finanzielle und nicht finanzielle Messgrößen gibt es zahlreiche. Ein aus dem Kunstumfeld entlehntes Bild soll als Veranschaulichung dienen: Ein Triptychon ist ein dreiteiliges Gemälde. Berühmte Vertreter dieser Richtung haben sich im Besonderen mit der Vergänglichkeit beschäftigt, repräsentiert durch drei Tafeln, die das „Werden", „Sein" und „Vergehen" darstellen. Auf die Führung einer Organisation übertragen bedeutet dies: Qualität zeichnet sich dadurch aus, dass Führungskräfte Organisationen (und Menschen) in der Phase des Werdens, das heißt des Wachstums, halten. Sobald ein Selbstbild des Seins („man ist ja wer") entstanden ist, hat ein Automatismus in Richtung der Selbstzufriedenheit und damit des Vergehens eingesetzt.

▸ Recruiting

Die Umschlaggeschwindigkeit der meisten Belegschaften nimmt zu. Demnächst werden viele demografiebedingt jedes Jahr zehn Prozent oder mehr ihrer Mitarbeiterinnen und Mitarbeiter ersetzen müssen.

Eine Begriffsassoziation beim Thema Recruiting könnte sein: Briefkastenschlitz. Warum? Einige werden sich erinnern, dass es eine Zeit gab, in der die Samstagsausgabe von überregionalen Zeitungen so dick war, dass sie beim besten Willen nur in wenige Briefkästen gepasst hat – wegen des Stellenteils. Diese passive Variante der Mitarbeitergewinnung ist längst Vergangenheit. „Active Sourcing" lautet heute die Devise.

Der wichtigste Kanal in der Gegenwart: Empfehlungen. Überzeugte Mitarbeiterinnen und Mitarbeiter. Sie sind die besten Botschafter der Organisation, wenn sie denn von deren Positionierung und Unternehmenswerten überzeugt sind. Die Höhe des finanziellen Anreizes ist meist nachrangig. Wichtig ist die dreifache Win-Situation für alle Beteiligten.

Der zweitwichtigste Kanal in der Gegenwart: Direktansprachen. Jede Organisation muss ihre Engpass-Kompetenzen kennen und wissen, in welchen Feldern (Universitäten, ehemalige Arbeitgeber, Communitys etc.) und über welche digitalen Kanäle diese erreichbar sind. Eine gemeinsame, oftmals projekthafte Aufgabe für Linien-Führungskräfte und die Personalabteilung.

▸ Systematik

Eine Organisation hat sich durchgerungen, die nächste Qualitätsstufe in den Feldern von Arbeitgeber-Attraktivität und Personal zu erreichen. Was dann? Drei Empfehlungen:

Integration: Die meisten Organisationen haben Strategieprogramme. Damit verknüpft sind Regelberichterstattungen, Investitionsentscheidungen, Klausuren und vieles mehr. Dort muss die Heimat auch dieses weicheren Themas sein. Es gibt kein daneben, nur ein darin.

Verantwortung: Es sollte außer Frage stehen, dass Arbeitgeber-Attraktivität Chefsache ist. Wie sieht das Team aus, das eine solche Herausforderung gut meistern kann? Ein Kardinalfehler liegt nahe – die ausschließliche Delegation an die Personalabteilung. Es ist ein Feld, das interdisziplinär zu bearbeiten ist. Es durchdringt die gesamte Organisation. Daher sollte ein Team zumindest aus Kommunikation, Strategie und Personal bestehen.

Aufgaben: Das Aufgabenfeld ist facettenreich, letztendlich umfasst es alle Themen der klassischen Personalarbeit, der internen Kommunikation und viele mehr. Es ergibt Sinn, die Breite und Komponenten am Anfang zu skizzieren. Aber Achtung – hohe Verzettelungsgefahr, daher schrittweise vorgehen! Im Vergleich zu vielen anderen Gestaltungsaufgaben hält sich der Investitionsbedarf im Übrigen in Grenzen, mit einer Ausnahme: Kreativität und Zeit werden stark beansprucht.

▸ Talentmagnet

Welche Anforderung an eine Führungskraft vereint mehr Bedeutung und Verantwortung in sich, als ein Talentmagnet zu sein, Personal zu gewinnen und zu binden? 360-Grad-Feedbacks entlarven regelmäßig, dass das (positivere) Eigenbild einer Führungskraft vom (kritischeren) Fremdbild oftmals deutlich abweicht.

Bewusstsein und Selbstreflexion können wichtigen Beistand leisten. Testfragen hierfür sind:

- Man versetze sich zurück in die Zeit der Wahl des ersten Arbeitgebers. Wäre man bei der Anwendung rein sachlicher Entscheidungsparameter (Gehalt, Karrieremöglichkeiten etc.) auch dort hingegangen? Wenn nein, warum hat man es trotzdem gemacht?
- Welche Führungskräfte und welche deren Verhaltensweisen haben einen persönlich in der Vergangenheit besonders motiviert? Was kommt einem spontan als Erstes in Erinnerung?
- Hat man eine Kultur in seinem Team, bei der offenes (auch kritisches) Feedback erwünscht ist? Ehe man die Frage zu früh mit „Ja" beantwortet: Wann hat es das letzte Mal konstruktiv-kritische Rückmeldungen gegeben, die dazu geführt haben, das eigene Verhalten zu überdenken?
- Häufig freut man sich, wenn man Wertschätzung erfährt. Wie

oft hat man selbst jemand anderen in der näheren Vergangenheit diese Freude erfahren lassen?

▸ Unternehmenswerte

Fast alle Organisationen, insbesondere Unternehmen, haben eine Strategie und umfangreiche Planungswerke. Auch wenn Planung oftmals der Ersatz von Zufall durch Irrtum ist, besteht damit auf der Sachebene eine Orientierung, in welche Richtung es gehen soll.

Muss man sich dann mit vermeintlich weicheren Themen wie einem abstrakt formulierten Unternehmenszweck oder Unternehmenswerten beschäftigen? In der Praxis häufig anzutreffende Kommentare lauten hierzu: „Ja, man hat so einen Prozess mal vor einigen Jahren (die Dienstälteren erinnern sich noch) gemacht.“ „Ich kann mich noch grob an einige Ergebnisse erinnern.“ „Irgendwann ist es dann allerdings eingeschlafen.“

Die Hürde für eine Unternehmensleitung, sich diesen Themen zu widmen, ist recht hoch. Mögliche Reaktionen: „Aha, jetzt haben die auch mal wieder eines dieser Trainings gemacht.“ „Das wird ja eh' nicht funktionieren, haben wir nichts Wichtigeres zu tun?“ Sie steht sofort unter dem Management-Esoterik-Verdacht.

Trotzdem ist es die Mühe wert: Wie will man ohne formulierte Unternehmenswerte beispielsweise …

… Verhaltensmaßstäbe setzen und Konfliktsituationen lösen?
… den Fortschritt der Organisation in qualitativen Leistungsdimensionen messen?
… die kulturelle Passung bei der Führungskräfteauswahl sicherstellen?
… eine glaubhafte Arbeitgeber-Marke aufbauen?

Das Dilemma des Wie: Bei einem sehr dezentralen („Bottom-up“) Ansatz besteht die Gefahr der Selbstbeschäftigung in Hunderten von Workshops, bei einem sehr zentralen („Top-down“) Vorgehen die Herausforderung einer mangelnden Verankerung und Akzeptanz in der Belegschaft. Möglicher Mittelweg: pragmatische Erarbeitung durch das Managementteam unter Nutzung von Anregungen aus Unternehmens-Fokusgruppen (z. B. Nachwuchskräfte) und Externen mit gutem Blick auf das Außenbild der Organisation (z. B. Marken-Agenturen).

▸ Vorbild

Die Rolle als Vorbild ist in vielen Lebensbereichen herausfordernd. Es wird schwierig, den (noch jüngeren) Kindern im Urlaub einen niedrigeren Konsum an Softgetränken (später analog bei alkoholischen) zu verordnen, wenn man dieser Anforderung selbst nicht nachkommt.

Das Verhalten einer Führungskraft steht in einer Organisation immer unter Beobachtung. Die Kunst besteht darin, sich dessen bewusst zu sein, sich entsprechend zu verhalten und gleichzeitig die eigene Natürlichkeit zu bewahren.

▸ Willkommenskultur

Im Lebenszyklus einer Organisation gibt es wenige so kulturrelevante Momente wie den Beginn und den Austritt. Konzentrieren wir uns hier auf den ersten Tag und damit die Frage, wie stark die Willkommenskultur ausgeprägt ist.

Bei Kaufentscheidungen tritt häufig das psychologische Phänomen der „kognitiven Dissonanzen“ auf. Hierbei muss der Käufer eines Produktes Informationen verarbeiten, die nach der Kaufentscheidung nahelegen, dass die Wahl vielleicht gar nicht so sinnvoll gewesen ist. Unangenehm.

Sollten Organisationen nicht vermeiden, dass neue Kolleginnen und Kollegen gleich am ersten Arbeitstag kognitive Dissonanzen mit Blick auf ihre Arbeitgeberwahl bekommen? Eine rhetorische Frage – mit Sicherheit ja.

Folgefrage: Beschäftigt sich die Organisation systematisch mit der Frage der Zufriedenheit beim Start in der Organisation? Wie viel Prozent der neuen Teammitglieder haben sämtliche IT-Geräte inklusive aller notwendigen Berechtigungen am Tag 1, wie viele Zugriff auf die erforderlichen Schulungen, wie viele einen funktionsfähigen Arbeitsplatz, wie viele eine motivierende Begrüßung im neuen Team? Die Antwort auf diese Fragen ist zu oft ernüchternd.

► (Mister) X

Das Gesellschaftsspiel Scotland Yard dürfte gemeinhin bekannt sein. Nur selten taucht der dort von Detektiven gesuchte Mister X auf. In seiner Motivationslage ist dieses Verhalten sicher nachvollziehbar.

Führungskräfte sollten es nicht nachahmen. Präsenz ist erste Bürgerpflicht, im Team, beim Kunden, in der Öffentlichkeit, bei wichtigen Stakeholdern. Leitsatz: Kein Verstecken im Büro, sondern dorthin gehen, wo es (vielleicht auch) wehtut.

► Young Professionals

Die Gewinnung von qualifiziertem Personal ist eine große Herausforderung. Die Bindung von Young Professionals eine noch größere. Sie beginnt bei der Definition der Zielgruppe, zumeist:

gute Ausbildung, einige Jahre Berufserfahrung, typischerweise in den späten Zwanzigern oder frühen Dreißigern.

Aus Sicht der Organisation ist es besonders misslich, wenn jüngere Mitarbeiterinnen und Mitarbeiter gerade dann gehen, wenn sie nach einigen Jahren der Ausbildung und Heranführung beginnen, verstärkt Wirkung zu entfalten. Denn es ist klar beobachtbar: Die freiwillige Fluktuationsrate ist gerade in dieser Alterskohorte besonders hoch, das Mehrfache der sonst üblichen, oftmals deutlich im zweistelligen Prozentbereich.

Die Gründe sind vielfältig. Manchen kann man aus Führungssicht nur schwer begegnen: Umzug aus privaten Gründen der Partnerschaft oder Abenteuerlust in einer noch frühen Lebensphase. Insofern wird strukturell die Wechselhäufigkeit in dieser Gruppe immer höher sein als im Schnitt der Belegschaft.

Stärker als allgemein vermutet, ist das Thema jedoch auch hausgemacht. Häufig existiert eine kommunikative Abrisskante: Während sich Betreuer und Führungskräfte noch intensiv mit Azubis und Trainees beschäftigen und Abwechslungsreichtum sowie Lernen im Rahmen der Arbeit im Blick haben, schläft dies danach oftmals ein. Es müssen Formate geschaffen werden, die die Nähe und Beziehung aus der Anfangsphase bewahren.

Zielbild: Eine Führungskraft versteht sich als oberster Personalentwickler und hat ein Gefühl für den wachsenden Abwanderungswillen, bevor die Kollegin oder der Kollege sich dessen selbst bewusst wird.

▸ Zeitlos

Die gute Nachricht zum Schluss. Die angesprochenen Themen sind zeitlos, beschäftigen Generationen, vor uns und nach uns. Mit auf den Weg sei Marc Aurel (Meditationen: Selbstbetrachtungen, 4. Buch, Nr. 2) zitiert: „Bei allem, was Du tust, gehe besonnen zu Werke und so, dass Du dabei die höchsten Grundsätze im Auge hast."

... und noch einmal im Überblick:

- Augenhöhe
- Bekenntnis
- Coaching
- Diversität
- Entscheiden
- Führungskräfte
- Generationen
- HR-Prozesse
- Innen gleich außen
- Job
- Kommunikation
- Lernen
- Mobiles Arbeiten
- Nachhaltigkeit
- Optimismus
- Personalentwicklung
- Qualität
- Recruiting
- Systematik
- Talentmagnet
- Unternehmenswerte
- Vorbild
- Willkommenskultur
- (Mister) X
- Young Professionals
- Zeitlos

3. Im Gespräch:

3.1 Angie Gifford

Angie Gifford ist Vizepräsidentin bei Meta Platforms, zuständig für Europa, den Nahen Osten und Afrika.

Liebe Angie, Du bist eine der ranghöchsten Europäerinnen bei Meta, einem der amerikanischen Giganten der IT- und Internet-Welt. Wie ist Deine Sichtweise auf die Impulse aus dem Alphabet?

Der Buchstabe C ist für mich ein wichtiger. Nachdem ich nahezu mein gesamtes Berufsleben in amerikanischen Konzernen verbracht habe, hat das C auch mit englischsprachigen Begrifflichkeiten zu tun. In der individuellen Führung geht es für mich um das Prinzip der dienenden Führung, also Serving Leadership. Daher ist das von Dir gewählte C, das Coaching, auch für mich sehr zentral. Ich sehe mich als Coach einer Fußballmannschaft, ich unterstütze die Teammitglieder, eher in Richtung Potenzierung ihrer Stärken als Behebung ihrer Schwächen.

Mein Mantra, das ich in vielen Transformationen konkret angewendet habe und für das ich immer wieder werbe, ist die Kombination aus drei weiteren Cs: zum einen Culture, die Unternehmenskultur, die durch jeden gelebt werden muss, welche die Werte wie beispielsweise einen respektvollen Umgang innerhalb einer Organisation umfasst. Zum zweiten Curiosity, neugierig auf wechselnde Themen und immer mit offenem Visier unterwegs zu sein. Und abschließend Commitment im Sinne von: Sage, was Du denkst, und tue, was Du sagst.

War diese Leidenschaft für das Thema Führung schon in jungen Jahren absehbar?

In der Schule mit Sicherheit nicht, da war ich in der Klassengemeinschaft wahrscheinlich eher eine Mitschwimmerin. Eine große Veränderung ergab sich für mich durch den sehr frühen und häufigen Aufbruch ins Ausland. Geboren bin ich im Ruhrpott, in Essen, schon als junge Teenagerin habe ich die Chancen genutzt, die Welt zu erkunden, zunächst in England und den USA. Mein Werdegang in drei Wörtern: raus, raus, raus. Von anderen lernen, andere Kulturen verstehen, verschiedene Herangehensweisen ausprobieren. Meine Mutter hat immer betont, dass Reisen bildet. Sie hatte recht.

Und dann hat Dich der Klassiker nach dem Abitur heimgesucht. Dein Vater hat Dir empfohlen, erst einmal etwas „Richtiges" zu machen: eine Banklehre.

Ich bin dort immer angeeckt. Es war nichts für mich, zu hierarchisch. Am spannendsten war aber bezeichnenderweise die Auslandsabteilung.

Nach dem dualen Studium hat es Dich dann in die IT-Branche gezogen, über einige Stationen dann unter anderem in

die Geschäftsführung von Microsoft in Deutschland. Dass Dir eine „Nerd-Historie“ gefehlt hat, war kein Problem?

Ich war keine Programmiererin, die mit Pizza im Keller gecodet hat. Ich habe in dieser Branche allerdings schnell mein Kernthema gefunden: den Service. Wie vernetzen wir die damals noch eher klobigeren PCs mit der Umgebung, wie schulen wir, welche Support-Maßnahmen bieten wir an? In den Feldern Service und Vertrieb gab es dann in den zwanzig Jahren bei Microsoft fast keinen Bereich, den ich dort nicht kennengelernt habe: von Partnermodellen, globalen Account-Ansätzen, Consulting bis hin zu Großkundenvertrieb. In der Zeit war ich auch nie länger als drei Jahre in einer Rolle: aufbauen, die Dinge bis zu einem gewissen Reifegrad bringen, übergeben. Ich bin eher der Creator, der Neues anfängt.

Sind Dir aus den früheren Führungsjahren noch besondere Erlebnisse in Erinnerung?

Die IT war damals noch viel männlicher besetzt, als sie es heute immer noch ist. Microsoft hatte ursprünglich sein Geschäft auf Großkunden ausgerichtet. Alle Kunden mit einem Bedarf unterhalb von 5.000 PCs wurden durch externe Partner betreut. In vielen europäischen Ländern, gerade auch in Deutschland, haben wir aber gesehen, dass der Mittelstand das Rückgrat der Wirtschaft ist. Daher wurde beschlossen, einen eigenen Mittelstandsvertrieb aufzubauen. Mein damaliger schwedischer Chef hat mir, nach einem Wettbewerb mit anderen, männlichen Kandidaten, diese Aufgabe übertragen. Es wurden dann die Geschäftsführer der 24 relevanten Länder eingeladen. Ich war die einzige Frau im Raum. Als meine Personalie verkündet wurde, sind die Kinnladen reihenweise runtergefallen, und in der Kaffeepause nach dem Meeting stand ich ziemlich allein da. Mittlerweile ist das Mid-Market-Geschäft aber auf Augenhöhe zu den Großkunden und nicht mehr wegzudenken. In der Zeit hatte ich einige schlaflose Nächte. Für mich war es damals wichtig, authentisch und transparent zu bleiben, gleichzeitig mich in die Eigenarten jedes Landes genau einzuarbeiten.

Hast Du nur für amerikanische Unternehmen gearbeitet, weil die großen IT-Unternehmen eben dorther kommen? Oder liegt Dir die amerikanische Businesskultur mehr?

Letzteres. Die deutsche Unternehmenswelt war in meiner Wahrnehmung damals noch vielfach von Lehmschichten, verkopftem Denken, geringer Agilität und Festhalten am Althergebrachten geprägt. Da hätte ich nicht hineingepasst. Mir ist das andauernde Hinterfragen wichtig, die Innovation, sicherlich auch das Schaffen von kreativem Chaos. Das kann man im amerikanischen Kontext besser, wobei man natürlich auch ihre politische Kultur im Unternehmen verstehen können muss.

Die Zeit bei Microsoft hat mich sehr geprägt: Gute Executive Summarys bei Businessplänen, gute Scorecards, klar auf den Punkt kommen, eindeutige Follow-ups anfertigen und nachhalten. Ich kann mich stark mit der Philosophie „High performance – cut through the bullshit – get to the point" identifizieren.

In diesem Zusammenhang darf man Dir sicher eine Ausstrahlung der Sympathie, der Leidenschaft und der Dynamik attestieren. Alles ursprüngliche DNA oder auch bewusst antrainiert?

Nicht antrainiert. Ich bin so. Gerade jüngst hatten wir wieder eine Diskussion, in der ich spontan mehr Jobrotation zwischen den Sales- und Product-Führungskräften eingeführt habe. Ich habe meine Idee flammend auf allen Führungsebenen vorgestellt. Mir wurde gespiegelt: „There is so much energy, how can I say no?"

Du hast dann in führender Rolle vor dreizehn Jahren ein längeres Sabbatical genommen. Das haben sicher einige konservativere Beobachter als Provokation empfunden?

Viele haben gesagt, das sei ein irreversibler Karriereknick. Allerdings hatte ich unseren Sohn mit drei Monaten zu einer Tagesmutter gegeben und ich hatte ihm später versprochen, dass wir gemeinsam eine Weltreise machen würden. Viele haben geschluckt, wie kann die sich das denn erlauben? Auch Aspekte der Neidkultur kamen durch: Die können sich das wahrscheinlich leisten. Andere fanden es super, sie würden es auch gerne machen. Die Headhunter-Community hat mir massiv abgeraten. Damals hatte ich viele frustrierende Erlebnisse.

Eine weitere besondere Phase auf Deinem Berufsweg war, dass Du vor einigen Jahren schon den Weg in eine Portfoliotätigkeit, die eines Multi-Aufsichtsrates, gewählt hattest, dann aber nach wenigen Jahren doch wieder die Management-Herausforderung bei Meta angenommen hast.

Ich war glücklich, hatte interessante Aufgaben, Mandate unter anderem bei ProSiebenSat.1, Rothschild, thyssenkrupp und TUI. Dann kamen jedoch zwei Dinge zusammen. Unser Sohn hat sich mit fünfzehn entschieden, auf eine Boarding School nach England zu gehen. Da ich früher selbst diesen Drang hatte, habe ich das natürlich unterstützt. Zum anderen bekam ich eine sehr interessante Möglichkeit, bei Meta mitzugestalten. Die grundlegende Vision von Mark Zuckerberg finde ich nach wie vor klasse: Menschen miteinander verbinden und jedem eine Stimme geben. Das waren für mich die ausschlaggebenden Faktoren. Ich habe es bis heute nicht bereut.

Meta ist ein Unternehmen, das in vielen Feldern nicht frei von Kritik ist . Ohne diese inhaltlich im Detail zu diskutieren, wie gehst Du damit um, wie schaffst Du Dir persönliche Resilienz? Ist es nicht anstrengend, für ein Unternehmen zu arbeiten, für das man sich häufig rechtfertigen muss?

Wenn irgendwo auf der Welt etwas passiert, nutzen Menschen oft unmittelbar unsere Services in irgendeiner Weise, um sich darüber auszutauschen. Diese Relevanz macht mich erst einmal stolz. Was darf dann jedoch auf den Plattformen bleiben, was muss gelöscht werden, in welchem Fall wiegt etwa Meinungsfreiheit schwerer, in welchem eher Sicherheit? Mit Milliarden von Inhalten jeden Tag ist das eine enorme Herausforderung, die wir sehr ernst nehmen. Digitale Plattformen sind letztlich ein Spiegelbild der Gesellschaft, die den persönlichen Umgang abbilden. Mich persönlich bewegt das Thema des Schutzes von Teenagern und jungen Erwachsenen ganz besonders. Gleichzeitig sehe ich, dass Meta die Herausforderungen annimmt, mit seinen Maßnahmen führend ist und viele Milliarden investiert hat. Wir haben inzwischen 40.000 Menschen und umfassende KI-Systeme, die im Zusammenspiel miteinander für Sicherheit sorgen. Meta ist verglichen mit anderen immer noch eine sehr junge Firma. Da glaube ich, dass ich gerade in diesen Feldern als „alter Hase“ sehr viel einbringen kann. Das gibt mir wiederum ein gutes Gefühl.

Meta hat eine lange Phase des Wachstums hinter sich, jüngst aber auch großflächig Entlassungen durchführen müssen. Inzwischen hat das Unternehmen ungefähr 70.000 Mitarbeiter. Gibt es eine natürliche Anziehungskraft für Talente, was ist für Euch als Arbeitgeber besonders wichtig?

Wir haben sicherlich einen starken Zulauf an tollen Talenten. Dabei achten wir auch sehr auf Diversität. Globale Plattformen wie die von Meta müssen auch von Menschen betreut, durchdacht und weiterentwickelt werden, die so vielfältig sind wie die Nutzer. Wir brauchen also ein Abbild der Gesellschaft innerhalb unserer Firma. Wir haben uns hierzu klare Ziele gesetzt und denken bewusst breit, etwa bezüglich Geschlecht, Alter, ethnischer Herkunft, religiöser Prägung, sozialem Umfeld, sexueller Orientierung. Ich sage hierzu immer: Teamwork makes the dream work. Einer der größten Fehler ist, wenn Führungskräfte Abbilder von sich selbst rekrutieren. Ich will nicht nur weitere „kleine Angies“ einstellen. Zusätzlich ist uns natürlich eine hohe Identifikation mit unseren Werten wie Respekt für andere wichtig. Besonders relevante Leitsätze für die Vorbildfunktion von Führungskräften sind für mich: „Bring your best authentic self to work“ und „The work is only 1% finished“. Daher investieren wir auch viele Ressourcen, vor allem Zeit unserer Führungskräfte, in den Recruiting-Prozess.

Wenn Arbeitgeber-Attraktivität eine hohe Bedeutung hat, liegt die Vermutung nahe, dass die Qualität der Personal-

prozesse auf demselben Niveau ist wie die der Kerngeschäftsprozesse. Wie ist das bei Euch?

Genau diese Anforderung habe ich auch aus Deinem Alphabet herausgelesen und kann sie nur unterstützen. Ehrlich gesagt sind wir davon sicher noch ein Stück entfernt. Die Rolle von HR in Unternehmen wird als Erfolgsfaktor sicher noch weiter an Bedeutung gewinnen. Trotzdem hinken die meisten Firmen, die ich kenne, in den HR-Prozessen diesem Anspruch noch hinterher. Fazit für mich: Relevanz verstanden, Ansehen gestiegen, Umsetzung hinsichtlich Prozessexzellenz ist aber oft noch ein langer Weg.

Welche Schwerpunkte legt Meta in der internen Kommunikation?

Mark Zuckerberg persönlich ist das Thema sehr wichtig, und damit fängt es an. Alle paar Wochen stellt er sich selbst oder ein Mitglied seines Führungsteams in einem Townhall-Format allen unseren Mitarbeitern in Menlo Park und weltweit, mit der Möglichkeit, „unplugged" Fragen zu allen möglichen Themen zu stellen, von strategischen Aspekten bis zum Kantinenessen. Das alles hat mit Transparenz, Empowerment und Wertschätzung zu tun und beeindruckt mich immer sehr.

Für mich ist wesentlich: Entscheidungen der Unternehmensleitung sollten begründet, Beweggründe und getroffene Abwägungen offengelegt werden: Warum tun wir etwas, gekoppelt mit der Komponente, was für eine Rolle das jeweilige Team in der Umsetzung einer Entscheidung hat. Jeder muss in einem Ergebnis den Bezug zu sich, zu seiner eigenen Arbeitswirklichkeit finden. Ansonsten verpufft die Kommunikation.

Gleichzeitig wird in einer wachsenden und internationalisierten Firma wie Meta die Kommunikation über unsere regionalen Führungskräfte immer wichtiger. Wir sind auf dieser Ebene auch sehr eng miteinander verdrahtet. Der Gedanke des sozialen Netzwerks wird auch intern gelebt, mit unserer eigenen Plattform Workplace, über die alle chatten, posten und konferieren können. Wichtig ist, dass wir eine Situation vermeiden, in der Informationen zum Machtfaktor im Unternehmen werden. Wir müssen sorgfältig entscheiden, welche Informationen für welche Communitys zu welchem Zeitpunkt erforderlich und wertstiftend sind, Reichweite und Frequenz müssen gut überlegt sein.

Jenseits Deiner engeren beruflichen Verantwortung im Unternehmen liegen Dir auch gesellschaftliche Fragen am Herzen, zum Beispiel, den Tech-Standort Deutschland voranzubringen. Fühlst Du Dich dort manchmal als einsame Ruferin?

Ich habe jüngst beim Weltwirtschaftsforum in Davos im Januar die Frage gestellt: Wie viel Krise braucht Deutschland noch, bis wir endlich aufwachen. Ich bin Optimistin, das Glas ist bei mir halb voll. Aber ich habe große Sorgen um den Wirtschaftsstandort Deutschland. Eine Ursache dafür ist, dass wir vor vielen Jahren den Technologiezug an uns vorbei haben fahren lassen. Vor fünfzehn Jahren durfte ich eine Enquete-Kommission beim Wirtschaftsministerium beraten. Umsetzungsgrad der damals erarbeiteten Vorschläge bis heute: Immer noch scheitert dabei vieles an unserer Bürokratie. Wir haben eigentlich so viel zu bieten in Deutschland, aber oft stehen wir uns selbst im Weg.

Zum Abschluss: Gibt es noch Themen, die Dir in diesem Zusammenhang besonders wichtig sind?

Mich treibt beim Thema Führung jeden Tag an, andere Menschen zu befähigen, zu coachen. Das macht mir gerade bei motivierten jungen Frauen Spaß, bei extrovertierten, aber auch introvertierten, nicht nur den „kleinen Angies". Dabei geht es mir um wertvolle Impulse aus der Praxis, nicht Lehrbuchwissen. Das Ziel ist, motivierte Teams zu bilden, anzuleiten und weiterzuentwickeln, mit Mitarbeitern, die zufrieden sind, abends nach Hause gehen und sagen, dieser Tag war eine gute Investition meiner Lebenszeit. Dabei ist Führung leichter auf dem Zettel geschrieben als praktiziert. Ich werde immer etwas skeptisch, wenn Führungskräfte sehr selbstbewusst über ihre erfolgreiche Anwendung einzelner Führungsinstrumente berichten. Den gesamten Werkzeugkasten so zusammenzubringen, dass etwas gutes Ganzes daraus wird, ist für mich immer noch eine Herausforderung, tagein, tagaus.

3.2 Jan-Hendrik Goldbeck

Jan-Hendrik Goldbeck ist geschäftsführender Gesellschafter des gleichnamigen Bau- und Immobilienkonzerns.

Lieber Hendrik, Du führst in zweiter Generation ein vielfach ausgezeichnetes Bauunternehmen. Gibt es Bestandteile des Alphabets, mit denen Du Dich besonders identifizieren konntest?

Mein Vater verwendete regelmäßig als Lebensmotto ein Zitat von Theodor Fontane: „Du wirst es nie zu Tücht'gem bringen, bei Deines Grames Träumerein, denn Tränen lassen nichts gelingen, wer schaffen will, muss fröhlich sein." Hier sehe ich einen Bezug zum „O", dem Optimismus. Du hast Lust, bei einem Arbeitgeber zu arbeiten, der in die Zukunft blickt. Das Verharren im Ist zieht vielleicht auch Menschen an, aber nicht die, die ein Unternehmen haben möchte. Ich habe Freude am Proaktiven, am Expansiven, am Sich-Verbessern, an einem hohen Ambitionsniveau. Das ist für mich fest mit Zukunftsfreude und Optimismus konnotiert.

Da schimmert eine literarische Neigung in der Familie durch. Als Jugendlicher hast Du auch über einen Berufsweg im kulturellen Umfeld, Literatur und Musik, nachgedacht. Wie ernsthaft?

Die Idee, Schriftsteller, Journalist oder sogar Musiker zu werden, hat mich fasziniert. Ich habe mir gedacht, dass es mich glücklich machen würde, Menschen mit meinen Gedanken zu begeistern, sie emotional zu binden und für sie Material zur Reibung, zur Erwärmung, für inneres Wachstum zu erschaffen. Dann kam allerdings ein Grundmaß an Realismus dazu. Warum sollte gerade ich einer der großen Schriftsteller werden, die das in der Breite erreichen? Mit 14 Jahren habe ich in einer Lokalredaktion ein mehrwöchiges Praktikum gemacht, das sicher auch zur Ernüchterung beigetragen hat. Insofern habe ich nach anderen Wegen der Wirksamkeit gesucht. Ich habe für mich erkannt: Mir ist es wichtig, kreativ-spielerisch, als Homo ludens, zu gestalten und durch mein Handeln etwas zu hinterlassen.

Das reflektiert sicherlich auch die unternehmerische Prägung, eine der Produktionshallen war direkt neben dem Elternhaus.

Vielleicht kann man sagen: „Echtes" Bauen statt Gedankenbauwerke. Ich hatte natürlich schicksalsgegeben eine sehr gute Ausgangssituation, auch wenn das Unternehmen damals nicht riesig war. Mein Vater hat immer positive Geschichten aus seinem unternehmerischen Alltag erzählt. Geschichten, Narrative scheinen mir generell für Arbeitgeber-Attraktivität wichtig. Sie inspirieren.

Nachdem Dich die familiäre DNA gefangen hatte, hast Du dann den systematischen Weg, mit Ingenieur-Studium, in den elterlichen Betrieb gewählt. Dort musstest Du Dich allerdings erst einmal beweisen, zum Beispiel als Bauleiter. Die Rolle hast Du einmal als „embryonale Stammzelle“ der Baubranche bezeichnet. Die Gummistiefel waren dann das Kontrastprogramm zum schöngeistigen Schriftstellertum?

(lacht) Zunächst einmal geht es bei einer klassischen Goldbeck-Baustelle recht geordnet zu. Weniger Schlamm und Gummistiefel, als man denkt. Ich habe aber tatsächlich als Praktikant auf einer Rohbau-Baustelle gearbeitet, Beton vergossen. Als ich in das Unternehmen kam, hatte ich fast zehn Jahre lang die Chance, mir alles genau anzuschauen, in stetig zunehmendem Umfang Verantwortung zu übernehmen, aber noch nicht für das große Ganze. Ich habe dabei gelernt, wo der wirkliche Nukleus des wirtschaftlichen Erfolges ist. Ich bin überzeugt, dass ein gewisses Maß an Erfahrung für die Übernahme unternehmerischer Verantwortung sehr wichtig ist.

Das hat sicher auch zu Deiner Autorität beigetragen.

Auf jeden Fall. Bei Generationswechseln in Familienunternehmen ist das oft besonders schwer. Die Menschen akzeptieren mehr oder weniger, dass der Neue, der Junge da ist. Es gibt aber auch immer andere, die offen oder insgeheim fragen: Was will der Jungspund hier? Ich kann das durchaus nachvollziehen, daher war diese Transitionsphase wichtig. Mir hat sie sehr geholfen, authentische Führungskapazität aufzubauen.

Inzwischen seid Ihr eine Geschäftsführung bestehend aus vier Personen, mit einem Deiner Brüder und Dir als geschäftsführende Gesellschafter, als Co-CEOs. Ich kenne das Modell aus eigener Erfahrung gut. Ich habe es schätzen gelernt, landläufig erfreut es sich aber keiner guten Reputation. Was ist Deine Erfahrung?

Es ist bei uns vorteilhaft, dass wir sehr unterschiedlich sind. Mein Bruder ist eher nach innen gerichtet, auf Strukturen, Finanzen und Werte; ich bin eher nach außen gewandt und konzentriere mich auf Innovation und Märkte, auf die Chancen der Zukunft. Jeder hat seinen Tanzbereich. Ich fühle mich sehr wohl damit, dass wir das Unternehmen gemeinsam führen. Letztendlich ist geteiltes Leid auch halbes Leid und geteilte Freude ist doppelte Freude. Wir nutzen dieses Führungsprinzip übrigens an vielen Stellen im Unternehmen. Das hat auch den positiven Nebeneffekt der Risikominimierung durch Redundanz. Wesentliche Voraussetzung ist sicherlich eine gute Gesprächs- und Diskussionskultur.

Noch mal zurück zu Fontanes Fröhlichkeit: Du scheinst fast immer guter Laune zu sein. Gibt es auch Phasen des Zweifelns und Grübelns?

Aus meiner Sicht gibt es Interaktionsschemata, in die man hineinschlüpft. Das ist nichts Mysteriöses, findet auch im Alltagsleben statt, zum Beispiel im Sportverein oder in der Kneipe. Mein berufliches Schema, das ich anziehe, wie andere ihren Anzug, ist Fröhlichkeit. Die ist nicht aufgesetzt, sondern einfach Bestandteil meines beruflichen Ichs. Natürlich gibt es bei mir, ob im Beruflichen oder im Privaten, auch nicht so gute Momente.

Mir kommt zugute, dass ich wenig nachtragend bin, sowohl gegenüber anderen als auch gegenüber mir selbst. Ich glaube, dass sich Dinge, die man sich selbst nachträgt, Schicht für Schicht wie ein negatives Sediment in der Seele ablagern. Freundlich, fröhlich und lustig macht das Leben mehr Spaß. Das steigert auch die Wahrscheinlichkeit, dass andere Menschen in gleicher Art auf mich reagieren.

Inzwischen bist Du ein etablierter, vielfach ausgezeichneter Unternehmer. Da liegt es nahe, den Lernmotor abzuschalten. Wie widerstehst Du dieser Versuchung? Was ist Dein Rezept für das Lernen?

Die Vielfältigkeit des Alltags allein gibt schon sehr viele Impulse. Wichtig ist, dass man zuhört, neugierig ist und nachfragt. Man muss dem Unternehmen auch die Chance geben, Dinge auszuprobieren. Schwierig ist es, wenn man bei jeder Aktivität sofort einen Return on Investment erwartet. Manchmal muss man auch beherzt „einfach machen". Zum Beispiel haben wir vor sechs Jahren im Silicon Valley eine kleine Einheit gegründet. Mein Bauchgefühl war damals: Wir brauchen dort etwas Dauerhaftes. Wir wollen dort sein, um zu bleiben, nicht nur ein paar Tage mit einer Lern-Reisegruppe vorbeifahren. Diese Einbindung in das Ökosystem hat uns dann unter anderem auch die Tür zu Tesla, zum Bau der Gigafactory geöffnet, und sicher war sie für viele junge Mitarbeiterinnen und Mitarbeiter ein Mosaikstein, uns als Arbeitgeber interessant zu finden.

Welche Eigenschaften von Elon Musk haben Dich in den Gesprächen beeindruckt?

Sicherlich die Abwesenheit von Angst vor Komplexität, die Wagnisaffinität, der unbedingte Wille, das „I make it happen". Damit sind zwar auch einige Schattenseiten verbunden, am Ende führt das aber zu einer hohen Umsetzungsstärke.

Was macht die Arbeitgeber-Attraktivität der Firma Goldbeck aus?

Die Unternehmenswerte. Zwei „Vs", Vertrauen und Verantwortung, spielen eine zentrale Rolle. Wir vertrauen, dass die einzelnen Menschen vor Ort in einer sehr dezentralen Organisation eine bessere Urteilskraft besitzen und damit natürlich auch entscheiden sollten, Verantwortung übernehmen sollten, nicht irgendwelche weit entfernten Menschen in zentralen Elfenbeintürmen. Vertrauen und Verantwortung sind dabei ein dialektisches Paar. Wir wollen in unserer Belegschaft den Unternehmergeist schüren.

Darüber hinaus ein „L", die Leistungsbereitschaft. Es hört sich aus meiner Sicht fälschlicherweise nach einem kapitalistischen Schleiferbegriff an. Es geht um Ambition, Anspruchshaltung, Mitdenken, Drang nach vorne. Nur wenn ein Unternehmen das ausstrahlt, kann es für die richtigen Menschen attraktiv sein.

Dazu kommt für uns das „M" wie „Menschlichkeit": Das umschreibt den Wunsch der Führung, dass die Menschen offen und nahbar miteinander umgehen. Es geht um Spaß an der Arbeit und die Wahrnehmung des Menschen als solchen. Wir halten nicht viel vom Begriff „Work-Life-Balance", da er einen künstlichen Widerspruch erzeugt. Uns geht es darum, dass die Arbeit ein vom Individuum bejahter Teil des Lebens ist. Es ist unsere unternehmerische Verantwortung, ein solches Umfeld zu schaffen.

Die Belegschaft von Goldbeck ist in den letzten Jahren sehr stark gewachsen, auf zuletzt ca. 13.000, viele davon in hart umkämpften MINT-Bereichen tätig. Wie geht Ihr mit dieser Herausforderung um?

Das hängt natürlich stark von Reifegrad und Größe des Unternehmens ab. Für kleine Unternehmen ist das Vorleben der Führungskraft besonders wichtig. Bezogen auf meinen Vater ist die Legende überliefert, dass er im Anzug auf dem Stahlgerüst war und bei praktischen Montageproblemen selbst Hand angelegt hat.

Bei größeren Unternehmen, wie bei uns jetzt, benötigt man die gesamte Klaviatur. Die Bedeutung des Vorbildseins ist natürlich weiterhin da, nimmt aber einen anderen Stellenwert ein. Die persönlichen Berührungspunkte lassen nach. Umso wichtiger ist eine frequente und offene Kommunikation. Wir funken auf allen Kanälen – als Firma, aber auch der individuelle Kanal hat eine nicht zu unterschätzende Bedeutung. Ich habe diesbezüglich zum Beispiel LinkedIn gewählt. Für uns hat das eine wichtige Wirkung nach innen und außen, für das Verständnis, wer wir sind und wie wir sein wollen. Wichtig ist, dass man eigene und individuelle Gedanken und Geschichten postet, Authentizität ist entscheidend. Weich gekochte CEO-Kommunikation ist furchtbar langweilig, aus meiner Sicht auch nicht wirksam.

Dazu kommt viel Handwerkszeug: Es ist wichtig, eine hohe Professionalität in der gesamten Hafenrundfahrt durch die Personalprozesse zu haben. Eigentlich ist das ein Hygienefaktor. Häufig geht die Hygiene aber auch in Begeisterung über, wenn gerade neue Mitarbeiterinnen und Mitarbeiter diese Qualität aus vorherigen Unternehmen nicht kennen. Es bestärkt die

Empfindung, dass man sich kümmert. Das Gefühl, individuell wahrgenommen zu werden, schafft Mitarbeiterbindung.

Deswegen bin ich auch kein Fan von flachen Hierarchien, zumindest für unser Unternehmen. Wie kann der einzelne Mensch wahrgenommen werden, wenn es zu große Führungsspannen gibt? Den möglichen Gedanken dahinter, das Aufbrechen des Autokratischen, teile ich. Ich würde da aber offene Hierarchien bevorzugen: Jeder soll mit jedem reden dürfen, natürlich auch über die Hierarchieebenen hinweg.

All das hat dazu geführt, dass wir bisher kein wirklich ernsthaftes Fachkräfteproblem haben.

Zum Abschluss: Dir ist es wichtig, als Unternehmer auch in gesellschaftlichen Diskussionen sichtbar Position zu beziehen. So warst Du beispielsweise im werktäglichen Amphitheater der Argumente, bei Markus Lanz. Welche Bedeutung hat das Thema für Dich?

Es ist mir ein sehr ernstes Anliegen. Wir müssen, im Interesse der nachfolgenden Generationen, unseren Wohlstand erhalten. Das ist ein zutiefst sozialer Imperativ. Viele Menschen in unserer Gesellschaft haben den Eindruck, dass Unternehmer und Manager irgendwo zwischen „rücksichtslos", „gierig" und „böse" changieren. Zahlreiche Serien auf Netflix und Co. bestätigen das Bild jeden Tag. Wir müssen raus aus unseren Löchern, einen menschenzentrierten Fortschrittsglauben rekultivieren und diese Fehlwahrnehmung korrigieren.

3.3 Nicola Leibinger-Kammüller

Nicola Leibinger-Kammüller ist Vorsitzende des Vorstands und geschäftsführende Gesellschafterin des Maschinenbau- und Technologieunternehmens Trumpf.

Liebe Frau Leibinger-Kammüller, Sie leiten seit fast zwanzig Jahren das Maschinenbau- und Technologieunternehmen Trumpf. Gibt es Bestandteile des Alphabets, die Sie besonders ansprechen?

Die inhaltliche Dichte der Begriffe finde ich sehr gut. Wir brauchen sie alle. Eine elementare Aussage beim B (Bekenntnis) ist für mich, dass Menschen ein feines Gespür haben, ob andere eigennützige Motive oder das große Ganze antreibt. Die andere Aussage beim O (Optimismus) halte ich für zentral, dass Führung Optimismus verlangt, gepaart mit Realismus. Gerade in den jetzigen schwierigen Zeiten sollten wir uns bewusst für ihn entscheiden, zumal es im Sinne von Karl Popper keine Alternative gibt. Das ist sehr, sehr wichtig. Hier sehe ich auch starke Vernetzungen zur Vorbildfunktion von Führungskräften und den Unternehmenswerten.

Genau diese Vorbildrolle leben Sie heute in Ihrem Unternehmen und der Gesellschaft. War das in jüngeren Jahren, zum Beispiel zu Schulzeiten, absehbar, dass Sie diesen Weg nehmen werden?

Mir weniger wohlgesonnene Beobachter hätten damals sicher bemängelt, dass ich zwar gut rechnen konnte, aber nicht so gut in Mathematik war. Dass ich kein so großes Interesse an Naturwissenschaften hatte. Andere hätten dagegen betont, dass ich schon damals einen breiten Horizont hatte, mit Leidenschaft für Geschichte, Politik, Wirtschaft und natürlich Literatur. Vielleicht auch, dass ich mich immer für andere eingesetzt habe, Verantwortung übernommen habe für Gemeinschaften, für die Klasse. Ich habe ein großes Gerechtigkeitsempfinden. Wenn das verletzt wurde, bin ich auf die Barrikaden gegangen, ohne Rücksicht auf mögliche persönliche Nachteile. Rhetorisch war ich, glaube ich, auch nicht so ganz schlecht.

Das scheint auf jeden Fall ein roter Faden bis in die Gegenwart zu sein. Anglistik, Germanistik und Japanologie zu studieren, ist dann auf den ersten Blick nicht der ideale Schaltplan für eine solche Karriere. Wollten Sie Lehrerin werden?

Nein, ich glaube nicht. Das war eine Entscheidung getragen von Zuversicht und Begeisterung. Ich habe das gemacht, was mich interessiert hat. Im Vertrauen darauf, dass sich daraus beruflich schon etwas Gutes ergeben werde. Zu Führung gehört auch, an sich zu glauben, nicht in einer unrealistischen, sondern in einer demütigen Art und Weise, nach der Formel: Ich bringe etwas mit, bin begeisterungsfähig. Das, was mir an Wissen fehlt, das ziehe ich durch das Team hinzu.

Ich kann auch nur jedem empfehlen, der vor einer solchen Wahl steht: bloß keinen Schaltplan haben! Studiere und lerne, was deine Leidenschaft weckt. Folge niemals einem Schweinezyklus. Suche dir Aufgaben, die dir Spaß machen, und versuche nicht, zehn Jahre im Voraus zu planen.

Sie haben später auch drei Jahre in Japan gelebt. Was fasziniert Sie an der japanischen Kultur?

Ich mag Japan sehr. Für mich ist es ein faszinierendes, fantastisches Land, mit viel Disziplin, Engagement und Rücksichtnahme. Besonders beeindruckt mich die Fähigkeit zur Reduzierung und Konzentration auf das Wenige, das Wesentliche. Die Gabe, andere Dinge ausblenden zu können. Hinzu kommt die Wertschätzung der Altersweisheit, ein Thema, bei dem wir in Deutschland noch sehr viel lernen und demografische Potenziale aktivieren sollten.

Parallel zum Einstieg im Marketing bei Trumpf haben Sie noch berufsbegleitend promoviert, über Erich Kästners Spätwerk. Welche Charaktereigenschaft sollten sich heutige Führungskräfte von ihm abschauen?

Optimismus, den Glauben, dass es gut werden kann, natürlich insbesondere bei und durch die Kinder. Daher auch sein Ideal: Erhalte das Kindliche in dir. Es gibt diesen Gedanken mehrfach in seinem Werk, sich diese Eigenschaften zu erhalten, die nicht zu verwechseln sind mit Infantilität. Wichtig ist der frische Glaube, die Dinge verändern zu können.

Trumpf ist ein Familienunternehmen. Ihr Vater, Berthold Leibinger, war ein genialer Ingenieur. Lange haben Sie mit

ihm und für ihn gearbeitet. Jetzt hat sich die Konstellation gedreht. Ihr Bruder ist Vorsitzender des Aufsichtsrates und Ihr Ehemann Mitglied des Vorstandes, dem Sie vorstehen. Wie viel Reibung hat das verursacht?

Mein Vater hatte einen eher autoritären Führungsstil. Das Unternehmen war anfangs noch stark auf ihn zugeschnitten. Anerkennung und Autonomie im Unternehmen musste ich mir hart erarbeiten. Diese Abnabelung ging nur über die Schaffung von starken Teams. Heute hilft es uns, bestmöglich zu trennen: Die Firma ist die Firma, und der Abendessenstisch ist der Abendessenstisch.

Die Resonanz auf die Entscheidung, Sie zum CEO zu machen, war vor zwanzig Jahren sicherlich eine andere, als sie heute wäre?

Aus meiner subjektiven Wahrnehmung hat die Entscheidung damals richtig eingeschlagen, Furore gemacht. Ich habe mich fast als Solitär gefühlt seinerzeit: eine Frau, noch dazu eine Philologin … Es gab unglaublich viele Presseanfragen, aber auch unterstützende Botschaften von jungen Familienunternehmerinnen in vergleichbaren Situationen. In zahlreichen Gesprächen konnte ich mich auch als Ratgeberin einbringen. Heute ist das, Gott sei Dank, viel selbstverständlicher.

Ihre fast zwanzigjährige „Regentschaft“ wurde nicht nur von Sonnenschein, sondern auch von zahlreichen externen Krisen begleitet. Welche war am schwierigsten, hat auch persönlich die meiste Resilienz erfordert?

Die Finanzkrise, Lehman 2008/2009. Ich war gerade zwei Jahre im Amt, wir hatten das beste Geschäftsjahr der Firmengeschichte hinter uns, und dann kam der totale Absturz im Auftragseingang. Es gab verschiedene Ansichten über den Umgang mit dieser Situation. Ich musste das Team, vor allem aber das gesamte Unternehmen zusammenhalten. Es war eine sehr harte Zeit für mich. Heute hilft mir in Krisen fraglos die inzwischen aufgebaute Routine.

Welche Empfehlungen geben Sie Ihrem Nachwuchs an Führungskräften?

Grundvoraussetzung für Führung ist Empathie, etwas überhöht formuliert, die Liebe zum Menschen. Gutgläubigkeit mit Blick auf die Menschen, ohne Naivität. Offenheit und Transparenz sind auch wichtig, gleichzeitig zu spüren, ob das Team austariert ist und jeder die passenden Aufgaben hat.

Welche Prioritäten setzen Sie institutionell mit Blick auf das Thema Arbeitgeber-Attraktivität, wie gehen Sie mit diesem Management-Objekt um?

Arbeitgeber-Attraktivität hat natürlich eine viel höhere Bedeutung als früher. Ich glaube, dass es am wichtigsten ist, dass jeder Mitarbeiter des Unternehmens verantwortlich ist für die Marke und sie mit seinem Verhalten positiv unterstützt, sich auch als Dienstleister für die Kollegen betrachtet. Die Unternehmenswerte spielen dabei auch eine sehr wichtige Rolle. Sie vorzuleben, kann aber nicht einer allein machen. Ein solches fundamentales Thema ist auch nicht delegierbar zum Beispiel an HR. Arbeitgeber-Attraktivität muss durch das Unternehmen „wabern", man muss sie spüren, an der Pforte, am ersten Arbeitstag, immer. Sicherlich haben wir beispielsweise ein formuliertes Unternehmensleitbild und Führungsleitlinien, die wir auch regelmäßig überarbeiten. Ein eigenes Programm für Arbeitgeber-Attraktivität und Unternehmenskultur haben wir bisher aber nicht benötigt. Es muss immer ein Thema sein. Für alle bei Trumpf.

Oftmals ist zu beobachten, dass Unternehmen in ihrem Kerngeschäft ein hohes Maß an Professionalität aufweisen, diese in personalrelevanten Prozessen jedoch noch ausbaufähig ist. Wie ist das bei Trumpf?

Wir streben auf jeden Fall überall das gleiche Qualitätsniveau an. Das beginnt in der Unternehmensleitung. Alle sechs Wochen beschäftigen wir uns ausführlich mit allen relevanten Personalthemen, sei es Personalentwicklung oder Recruiting. Ich glaube generell, dass sich wirklich gute Unternehmen von weniger guten dadurch unterscheiden, dass sie überall exzellent sind, nicht nur im Produkt. Durchgängigkeit ist für mich hier das entscheidende Wort.

Kommunikation im Unternehmen ist, nicht nur im Zuge von Corona, immer wichtiger geworden. Wie wird das bei Trumpf gehandhabt?

Wir haben hier ganz viele unterschiedliche Formate. Besonders wichtig ist mir, dass einmal im Monat alle Mitarbeiter, ungefähr 19.000 überall auf der Welt, kaskadenartig informiert werden: Auftragseingang, Umsatz, wichtige Personalien, besondere Themen. Dadurch weiß jeder, bis in die Produktion hinein, was gerade passiert. Das hat den positiven Effekt, dass es zum Beispiel keine Überraschung gibt, wenn Sparmaßnahmen ergriffen werden müssen. Eher im Gegenteil: Wenn alle sehen, dass die Auftragseingänge zurückgehen, fangen viele aktiv an, die Frage zu stellen, wann wir endlich anfangen, gegenzusteuern. Die Mitarbeiter sind informiert und wissen, was los ist. Das fördert auch die Berechenbarkeit der Unternehmensführung.

Wichtig ist auch ein hochwertiges Intranet, das Erreichen der Belegschaft über soziale Medien. Die Zugriffszahlen auf unser „Bluenet" sind in der Coronazeit geradezu explodiert. Hinzu kommen führungskräftebezogene Aktivitäten. Die einhundert wichtigsten haben wir als Fokus 100-Gruppe zusammengefasst. Persönlich machen mir die vermeintlich altmodischen Abteilungsbesuche am meisten Spaß.

Wie kaum ein anderer Wirtschaftsvertreter bringen Sie sich in die gesellschaftlichen Debatten ein, sei es zum Wirtschaftsstandort Deutschland, zum Verhältnis zu China oder zu den Prioritäten in den Feldern Bildung und Wissenschaft. Welche Bedeutung hat das für Sie?

Mir liegt viel an dieser Welt, an unserem Land, an der Wohlstandserhaltung, an der Freiheit und Chancengleichheit. Daher sollten wir uns äußern. Wir können uns auch nicht immer hinter der Politik verstecken. Mir liegt es sehr am Herzen, dass dergleichen nicht als Wichtigmacherei verstanden wird. Meine ureigenste Aufgabe liegt bei Trumpf. Daran werde ich gemessen. Wir müssen als Unternehmer dennoch Verantwortung übernehmen über die Firmengrenzen hinaus. Trotz aller Herausforderungen haben wir in Deutschland eine gute Substanz, willige Menschen, eine noch ordentliche Ausbildung, eine freiheitlich-demokratische Grundordnung, Rechtssicherheit. Wir haben alle Zutaten, um auch in der Zukunft als Volkswirtschaft erfolgreich zu sein. Wir müssen es einfach nur machen, die Ideologie in den Hintergrund stellen, die Ärmel hochkrempeln – und etwas mehr, nicht weniger, schaffen.

3.4 Theodor Weimer

Theodor Weimer ist Vorsitzender des Vorstandes der Deutschen Börse.

Lieber Theodor, Du bist einer der dienstältesten CEOs in der deutschen Unternehmenslandschaft, gemeinhin auch besprochen als der gefragteste Finanzmanager. Welche Aspekte des Alphabets haben Dich besonders angesprochen?

Viele Punkte haben für mich einen hohen Wiedererkennungswert. Zuallererst das „A", die Augenhöhe. Menschen wollen wertgeschätzt werden, nicht nur ein Rädchen in einem großen Apparat sein. Mich hat ein Erlebnis als Doktorand geprägt: Ich war 24 Jahre alt, mein Doktorvater Prof. Albach wurde von Alfred Herrhausen, damals wie heute natürlich eine Ikone, in Bonn besucht. Ich saß wie ein Schulbub dabei, kam mit ihm ins Gespräch. Dann hat er mich, die Türme der Deutschen Bank waren damals noch recht neu, nach Frankfurt eingeladen und hat sich eine Stunde für mich Zeit genommen. Das hat mich sehr beeindruckt.

Zum zweiten das Thema Vorbild oder neudeutsch „Role Model". Das hat eine enorme Bedeutung. Jeder kann sich, zum

Beispiel durch Social Media, eine Meinung bilden: Ist das eine tolle Frau, ein toller Mann an der Spitze? Manchmal wird die Fokussierung auf die CEOs und die Personalisierung dabei allerdings fast übertrieben. Was ich auf jeden Fall ergänzen würde, ist ein weiteres „E“ für „Erfolg“: Menschen wollen für erfolgreiche Unternehmen arbeiten. Besonders prägnant war das für mich im Aufsichtsrat des FC Bayern München erlebbar.

Zum Thema Vorbild und Leistungsorientierung: Dein Karriereweg war alles andere als vorbestimmt. Du kommst aus einem ländlichen Umfeld, hast als Erster Deiner Familie Abitur gemacht. Was waren Deine frühen Vorbilder, was ist die Wurzel Deiner Ambition?

Ich komme aus einfachen Verhältnissen, mein Vater war Bauer. Ich hatte einen Großvater, den ich besonders bewundert habe, ein später Heimkehrer aus der Kriegsgefangenschaft, ein sehr besonnener Mann, eine wichtige Person in unserem Dorf. Er hat wohl erkannt, dass der Theodor nicht nur auf der Straße Fußball spielen sollte, dass man aus dem etwas machen kann. Er hat einen anderen Jungen und mich zum neuen Pfarrer beziehungsweise dessen Frau, der Organistin, geschickt. Wir durften bei ihr das Orgelspiel lernen, ein großes Privileg. Aber nur unter einer Bedingung: Es war November, in einem Jahr im Advent werde „Macht hoch die Tür, die Tor macht weit“ gespielt. Sie hat uns gesagt, dass nur einer von uns beiden es schaffen wird, diesen Choral zu spielen. In dem Moment hat es bei mir Klick gemacht und ich habe mir gesagt: Du wirst es sein! Ein Schlüsselmoment für mich. Am Ende haben wir dann beide viele Jahre gemeinsam mit großem Enthusiasmus Orgel gespielt.

Das passt zu einer Deiner Lieblingsparabeln: Jeden Morgen weiß die Gazelle, ich muss schneller sein als der schnellste Löwe. Jeden Morgen weiß der Löwe, ich muss schneller sein als die langsamste Gazelle. Das ist schon eine ordentliche Beimischung an Darwinismus.

In meiner Erweiterung des Alphabets hätte ich noch einige „P's" zu bieten: „Peer Pressure" und „Peer-Akzeptanz". Ich glaube immer weniger daran, dass Führung von oben kommt. Der Erfolgswille kommt aus meiner Sicht häufig daher, dass Menschen besser sein wollen als ihre Peers. Ich habe sehr spät gemerkt, dass ich so konditioniert bin. Aber ich gestehe: Es ist ein roter Faden in meinem Leben, auch in späteren Tätigkeiten zum Beispiel bei McKinsey und Goldman Sachs.

Wie bist Du angesichts einer solchen Aufstiegsbiografie geerdet geblieben?

Sicher durch meine Familie und meine Frau. Ich bin ein Familienmensch, das ist meine Festung. Egal, was passiert: Das ist, was wirklich zählt. Ich habe eine etwas jüngere Schwester, die eine Behinderung hat, erblindet ist, für die ich mich auch früh verantwortlich gefühlt habe. Das hilft zu verstehen, was wirklich wichtig ist.

Dir wird auch eine andere Eigenschaft zugeschrieben: Du bist ein Freund der klaren Kante. Bisweilen ist auch Diplomatie wichtig. Ist Dir die Forschheit manchmal auf die Füße gefallen?

Ich habe bei McKinsey unglaublich viel gelernt, ich habe es geliebt. Auf der anderen Seite hat mir McKinsey die größte berufliche Narbe zugefügt. Ich hatte viel gearbeitet, erfolgreich bei der Gründung der Bankgesellschaft Berlin beraten, war noch nicht Partner. Ein Senior Partner hat mir eine für mich nicht zufriedenstellende Beurteilung gegeben. Ich war recht emotional und habe sehr deutlich meine Meinung gesagt. Ich wurde zur Partnerwahl vorgeschlagen, die Amerikaner haben mich wegen „non partner-like behaviour" erst nach sechs Monaten Bewährungszeit berücksichtigen wollen. Ich habe sofort gekündigt und bin zu Bain gegangen. Eine emotionale Entscheidung aus Wut, keine rationale. Es hat viele Jahre gedauert, bis ich das verarbeitet habe. Inzwischen ist natürlich alles befriedet. Insofern haben mich auch Niederlagen geprägt.

Wie ist heute Dein Blick auf das Verhältnis von Klartext versus Umsichtigkeit?

Da habe ich ein sehr klares Grundverständnis: Bis zum 35. bis 40. Lebensjahr kannst Du an Deinen Schwächen arbeiten. Danach geht es darum, die Stärken zu kultivieren. Ich weiß, aus mir wird kein Diplomat mehr. Hier ist mir ein „A" besonders wichtig, Authentizität, und die schlägt angelerntes Wissen. Du kommst in oberste Führungspositionen durch Talent, Fleiß und Fähigkeiten; Du bleibst in der Position aber nur durch Charakter. Ich bin auch immer wieder erstaunt, wie wenig sich Führungskräfte mit Führungstheorien auseinandersetzen. Ich habe das ein Semester lang in St. Gallen gemacht. Es war für mich unglaublich erhellend. Ich glaube, dass man als Topführungskraft sein Führungsverhalten situativ sehr gut anpassen können muss.

Dein beruflicher Weg ist das Gegenteil einer Kaminkarriere, ein 360-Grad-Blick auf die Finanzbranche. Warst Du bei den beruflichen Wechseln in der Vorbereitung eher der Systematiker oder der Improvisator?

Zunächst ist bei mir, ex post und ungeplant, etwas Interessantes passiert: Ich war immer ein „Brand Buyer", wollte für die Topmarken der jeweiligen Branche arbeiten. Ich bin zu McKinsey gegangen. Vieles, was ich dort gelernt hatte, konnte ich dann bei dem damals etwas weniger renommierten Unternehmen Bain verwenden. Gleiches hat sich danach bei Goldman Sachs und der HypoVereinsbank wiederholt. Das ist mein persönlicher Weg des Wissenstransfers beim „Brand Hopping". Am Anfang bin ich in die neuen Rollen noch eher hineingesprungen, später habe ich mich jedoch sehr strukturiert vorbereitet. Am ersten Tag bei der Deutschen Börse wusste ich exakt, was ich machen wollte.

Der berufliche Alltag kann auch belastend sein. Du hast einmal gesagt, dass Dir Rituale helfen. Wie?

Ich bin überzeugt, dass mich die Zeit als Organist Disziplin gelehrt hat. Ich stehe jeden Morgen, relativ früh, zur selben Uhrzeit auf und folge einem festen Schema. Es ist gut, manche Dinge einfach zu machen und nicht infrage zu stellen. Das nimmt Komplexität aus dem Leben.

Welche Erkenntnisse zum Thema Führung, neben der Gazellen-Analogie, verwendest Du am liebsten im Gespräch mit Nachwuchskräften?

Die Sportwelt bietet sich natürlich besonders an. Ich habe für mich früh erkannt, dass eine Karriere ein Marathon und kein Sprint ist. Bei aller Arbeitsintensität muss man auf sich aufpassen. Ich merke zum Beispiel, dass ich mehr zu Fehlern neige und grantiger werde, wenn ich nicht gut geschlafen habe. Schlaf ist auch ein Teil meines Rituals.

Darüber hinaus ist mir die Vielfalt an Menschen wichtig. Es gibt hierzu die Vier-Farben-Einteilung der Blauen (rational), Roten (leidenschaftlich), Gelben (introvertiert) und Grünen („happy go lucky"). Ich glaube zutiefst, dass eine Organisation alle Schattierungen braucht. In Unternehmensberatungen gibt es häufig das Jesuiten-Prinzip, das heißt sehr viele blaue Charaktere. In Großunternehmen geht das nicht. Im Übrigen sage ich meinen Teams immer: Wer an die Spitze kommen will, braucht die Kombination von Blau und Rot.

Im Jahr 1986 ist im Strategic Management Journal ein Artikel von David Norburn erschienen, der mich sehr beeindruckt hat. Dort wird beschrieben, dass es drei Unternehmenstypen gibt: Gogos (wachstumsorientiert), Yoyos (in Turbulenzen) und Dodos (im Abstieg). Ich sage meinen Leuten, sie sollen herausfinden, was für ein Typ mit welcher Affinität sie persönlich sind. Wer Controlling-orientierter, Risikoaverser ist, fühlt sich vielleicht in einem Gogo-Unternehmen nicht so wohl. Ich dagegen schon.

Welche Bedeutung hat die Arbeitgeber-Attraktivität für die Deutsche Börse?

Der „War for Talent" ist nicht die einzige, aber doch eine sehr zentrale Herausforderung für die Deutsche Börse. So haben wir zum Beispiel in der IT feststellbare Überalterungstendenzen, wir brauchen aber gerade die moderne Technologiekompetenz dringlich. Dabei muss man differenzieren, und wir tun dies über unsere globale Präsenz. In Prag oder Cork beispielsweise ist unser Durchschnittsalter knapp über 30.

Wir sind ein sehr spezialisiertes Prozess- und IT-Unternehmen, ein Operator. Wir suchen keine Kapitalmarkt-Händlerinnen und -Händler, sondern Produkt- und Technologiespezialisten. Da ist unsere Arbeitgeber-Marke, zumal international, noch ausbaufähig. Daher ist der Recruiting-Anteil über Praktikantinnen und Praktikanten sowie Werkstudierende extrem hoch.

Wichtig ist mir auch, dass wir die richtigen Impulse setzen. Als ich bei der Deutschen Börse angefangen habe, haben sich alle über sehr niedrige Fluktuationsraten gefreut. Vorsicht! Zu niedrig darf sie auch nicht sein. Ansonsten erneuert sich die Organisation nicht genug. Insofern beschäftigen wir uns sehr intensiv mit den Fluktuationsraten – und versuchen, sie aktiv zu steuern.

Welche Steuerungsgrößen sind darüber hinaus für Euch besonders wichtig?

Wir haben natürlich zig Kennzahlen. Besonders wichtig sind mir die Übernahmequote nach Praktika und die Rekrutierungsdauer. Dazu kommen die Arbeitgeber-Ratings und die Beurteilungen auf den Karriere-Plattformen, die immer mehr an Bedeutung gewinnen.

Arbeitgeber-Attraktivität ist eine interdisziplinäre Aufgabe. Wie organisierst Du das in der Deutschen Börse?

Wir sind ein dezentral aufgestelltes Unternehmen. Wir operieren über Legal-Entity-Strukturen, zum Beispiel Clearstream,

Eurex, SimCorp, ISS oder 360T. Die Unternehmen sind sehr heterogen, manche noch sehr jung. Wir haben einen Dach-Purpose entwickelt, auf den alle Unternehmen einzahlen und dem jeder in unserem Unternehmen sich verpflichtet fühlt. Die Personalarbeit und das Recruiting kann man aber nicht über einen Kamm scheren.

Wir haben klar festgelegt, dass Arbeitgeber-Attraktivität ein CEO-Thema ist, und damit in Verantwortung der Unternehmenskommunikation natürlich in enger Verknüpfung mit HR und Strategie. Eines ist aber auch klar: Da ist nicht alles Gold, was glänzt, es gibt noch sehr, sehr viel zu tun.

Eine Idee, mit der ich mich beschäftige, die ich aber bisher nicht umsetzen konnte: Vielleicht sollten wir 100 Nachwuchskräfte einstellen, und dort einen Performance- und einen Work-Life-Balance-Track anbieten. Der Grund ist, dass die Systeme in Unternehmen, zum Beispiel bei Beförderungen, nicht ausreichend differenzieren. Die Toptalente verlassen dann möglicherweise die Firma, weil sie nicht schnell gut vorankommen. Einen Einheitsbrei will ich vermeiden.

Wie sorgst Du dafür, dass mit Dir und nicht über Dich gesprochen wird? Wie organisierst Du generell die Kommunikation in die Belegschaft?

Natürlich machen wir Townhall-Meetings, zum Beispiel bei Strategie-Updates. Dazu gibt es das Prinzip, dass es keinen Standortbesuch gibt, ohne dass dort dann ein Townhall stattfindet. Das ist auch nicht nur CEO-Aufgabe, sondern die jedes Vorstandsmitglieds. Manchmal habe ich das Gefühl, dass wir es dabei fast schon übertreiben. Dazu kommen Calls mit rund 3.500 Führungskräften und hochrangigen Mitarbeiterinnen und

Mitarbeitern immer nach den Quartalszahlen. Dort werden dann auch die neu beförderten Teammitglieder kommuniziert.

Auf Social Media bin ich persönlich bewusst nicht aktiv. Wenn man dort etwas macht, muss man es selbst machen, ansonsten ist es nicht authentisch. Für mich als Klartexter ist das Medium vielleicht auch zu riskant.

Wie sieht es mit dem Thema Talententwicklung und Potenzialförderung aus?

Für mich ist das die Toppriorität. Ich verwende sehr viel Zeit darauf. Bei jeder Beförderung ab einem bestimmten Level, einem Gehaltsniveau von ungefähr 130.000 Euro, führe ich ein persönliches Interview von etwa 30 Minuten. Meine Erwartung ist, dass ich dabei auch etwas lerne, dass die zum Teil sehr komplexen Tätigkeiten einfach erklärt werden können. Danach erfolgen eine 20-minütige Vorstellung und Fragerunde in der Vorstandssitzung. Dabei geht es meist weniger um die Auswahlentscheidung an sich. Es geht um das Kennenlernen der Kandidatin oder des Kandidaten für alle Vorstände.

Abschließend: Steht das nicht im Widerspruch zu der sonst eher dezentralen Aufstellung?

Auf den obersten Ebenen nicht. Wir haben ein Top-Leadership-Team von 150 Kolleginnen und Kollegen. Ich kenne alle und der Austausch ist sehr intensiv.

Bei der Talententwicklung auf den nachgelagerten Ebenen ist das schwieriger. Daher verfolgen wir derzeit einen hybriden Ansatz: Für die enger angebundenen Unternehmen des Konzerns machen wir den beschriebenen Prozess, für die unternehmerisch unabhängiger geführten Unternehmen nicht. Das hat aber den Nachteil, dass der Austausch und die Durchlässigkeit für Führungslaufbahnen im Gesamtkonzern noch nicht optimal sind. Das ist eine wesentliche Aufgabe für die Zukunft.

3.5 Christoph Werner

Christoph Werner ist Vorsitzender der Geschäftsführung des Drogeriewarenhändlers dm.

Lieber Herr Werner, das Unternehmen dm, das Sie in zweiter Generation führen, legt einen hohen Wert auf exakte Sprache, zum Beispiel heißt die Firmenzentrale „dialogicum“, die Filialen „Märkte“, die Belegschaft „Arbeitsgemeinschaft“. Daher vermute ich, dass Sie einige Anregungen zum Alphabet haben.

Alle Elemente des Alphabets sind natürlich wichtige Schlaglichter auf das Thema des Buches. Einige würde ich anders betonen, zum Beispiel statt „Entscheiden“ eher „Entscheidungsfreude“, statt „Personalentwicklung“ eher „Persönlichkeitsentwicklung“, statt „Qualität“ eher „Qualitätsbewusstsein“, statt „Nachhaltigkeit“ eher „Zukunftsfähigkeit“. Tatsächlich tun wir uns bei dm mit dem Oberbegriff der Arbeitgeber-Attraktivität schwer. Denn die Arbeitgeber sind unsere Kundinnen und Kunden. Sie geben uns Arbeit und sie machen uns Arbeit.

Point taken. Woher kommt die Freude an der Semantik?

Die Bedeutung der Sprache hat Tradition bei dm und kommt aus der Sinnorientierung des Unternehmens. Sie ist die Grundlage unserer Unternehmenskultur, die wir als „Dialogische Unternehmenskultur" bezeichnen. Ihr liegt auch die Erkenntnis zugrunde, dass wir nur dann den Dingen wirklich gerecht werden, wenn wir sie exakt benennen und beschreiben. Mit Begriffen begreifen wir die Welt. Dann denken wir die Welt, wie wir sie begreifen. Auf Basis des Denkens kommen wir zu Erkenntnissen und schließlich zu Handlungen. Ohne das Bemühen um exakte Benennung ist die Wahrscheinlichkeit höher, an der Realität vorbeizuagieren. Das ist keine gute Idee. Dann sind wir nicht wirkungsvoll. Das hört sich zunächst einmal eher philosophisch an, hat für mich aber eine sehr praktische Relevanz. Wenn wir unsere Kundinnen und Kunden als Arbeitgeber betrachten, dann sieht sich die Arbeitsgemeinschaft ganz anders, als wenn der Trugschluss besteht, dass die Führungskräfte im Unternehmen die Arbeitgeber sind. Letztendlich entscheiden über den Unternehmenserfolg die Kundinnen und Kunden, indem sie unsere Leistungen abnehmen, dafür bezahlen und uns damit immer wieder erneut beauftragen.

Gab es bei Ihnen persönlich Frühindikatoren für diese sprachliche Prägung, generell für Ihren unternehmerischen Weg? Sie haben einmal formuliert, dass es keine automatische genetische Übertragung in Familienunternehmen gibt, empirisch nachgewiesen dadurch, dass Sie von sieben Kindern Ihres Vaters das einzige im Unternehmen sind.

Mein Vater hat mir dazu immer gespiegelt, dass ich als Kind und Jugendlicher viele Fragen gestellt habe, verhandlungs- und kompromissbereit war und die Dinge genau verstehen wollte. Insofern bestand damals schon eine Form des Weltinteresses und der Lösungsorientierung. Sachverhalte ergründen zu wollen, bedeutet für mich, sich nicht mit der ersten Antwort zufriedenzugeben. Es gibt hierzu die Technik, dass erst nach der siebten Frage die echten Prämissen zum Vorschein kommen.

Als Jugendlicher wollte ich Pilot werden. Allerdings hat mir kurz vor dem Abitur ein Freund der Familie erzählt, dass sein Vater im Zweiten Weltkrieg Pilot der Luftwaffe gewesen sei, er danach jedoch keine Anstellung mehr bekommen hat, die adäquat zu seinen Fähigkeiten war. Manchmal rauschen Kommentare durch, manchmal schlagen sie ein. Mir ist dadurch klar geworden, zu welcher Verengung eine solche Berufswahl führen kann, auch zu welchen Abhängigkeiten, beispielsweise von der physischen Fitness. Insofern habe ich den klassischen Weg gewählt: Studium der Betriebswirtschaftslehre.

In den ersten Jahren in der Unternehmenswelt haben Sie dann die Distanz gesucht, regional in den USA und Frankreich, branchenseitig auf der anderen Seite des Tisches der Einzelhandelsbranche, bei den Markenartiklern L'Oréal und GlaxoSmithKline. Sie haben einmal nach S. A. Kierkegaard formuliert, dass das Leben vorwärts gelebt, aber rückwärts verstanden wird. Was ist die nachträgliche Interpretation dieser Entscheidung? Fernweh, Unabhängigkeitsstreben oder Zufall?

Es war ein Ratschlag meines Vaters, andere Unternehmen, andere Kulturen kennenzulernen. Interessant ist, dass ich im

Nachlass meines Vaters Briefe meines Großvaters an ihn gefunden habe. Sein Vater hat ihm dasselbe geraten, konkret zu Gillette, zu Procter & Gamble oder zu Kodak zu gehen, einem Innovationsvorreiter in den Sechzigerjahren. Er hat sich im Gegensatz zu mir nicht darangehalten und ist direkt in das elterliche Unternehmen eingestiegen. Vielleicht hätte andernfalls der spätere Konflikt zwischen beiden vermieden werden können. Ich habe jedenfalls die Möglichkeit bekommen, in den anderen Unternehmen sehr viel zu lernen.

Gab es Schlüsselerlebnisse in dieser frühen Zeit, die Sie besonders geprägt haben?

In meiner Zeit bei GlaxoSmithKline ist mir klar geworden, wie wichtig das inhaltliche Interesse von Führungskräften in Meetings ist. Es gibt kaum etwas Demotivierenderes für Mitarbeiter als eine Führungskraft, die den oftmals mühsam erarbeiteten Ergebnissen keine Aufmerksamkeit und Wertschätzung entgegenbringt. Mein damaliger Chef war in Meetings begeisterungsfähig, nicht abgelenkt. Bei seinem Nachfolger habe ich dann das Gegenteil erlebt.

Widerstehen Sie noch heute der Versuchung des möglichst unauffälligen Smartphone-Blicks in Meetings?

Ich bemühe mich, es mit der Rückseite nach oben auf den Tisch zu legen. Wenn die Sehnsucht nach dem Smartphone zu groß wird, ist das auch ein Indikator dafür, dass in dem Meeting etwas nicht gut läuft.

Eine zweite, extrem hilfreiche Erfahrung hatte ich im Marketing von L'Oréal bei einem Produktlaunch, einer Investition für das Unternehmen. Dafür gab es einen hochrangig besetzten Entscheiderkreis, in dem der verantwortliche Senior Produktmanager mit viel Enthusiasmus präsentiert hat, übrigens aus heutiger Sicht anachronistisch mit Folien auf einem Overheadprojektor. Dabei war für mich recht offensichtlich, dass die Marktforschungsergebnisse von ihm geschönt waren. Mich hat das empört, es hat meinen Grundsatz der Wahrhaftigkeit verletzt. Der Launch wurde schließlich genehmigt und ein Erfolg. Später, in der Konsumgütersparte von GlaxoSmithKline, auch durch die regelorientierte Prägung als Pharmaunternehmen, wäre das nie passiert.

Begeisterung schlägt manchmal Analytik?

Entscheidend ist das Commitment desjenigen, der die Sachen umsetzt und Verantwortung übernimmt. Denn eine Launch-Entscheidung ist nur der erste Schritt eines langen Weges zum Ziel, bei dem es viel Durchhaltevermögen braucht. Viele gute Ergebnisse sind nicht auf einer geraden Linie entstanden. Der Wille und die unternehmerische Haltung sind maßgeblich für den Erfolg eines Unternehmens.

Schließlich hat Sie der Weg 2010 zu dm geführt, 2011 in die Geschäftsführung, 2019 in die Rolle des CEOs. War da zunächst ein Freischwimmen notwendig?

Es war eher eine Befreiung, insbesondere von den Restriktionen formalistischer Art, die es in den Großkonzernen gegeben hat, durch die ich mich gegen Ende auch in meiner Wirksamkeit eingeschränkt gefühlt habe.

Zu Ihrer Wirksamkeit gehört auch, dass Ihnen eine hohe Umgänglichkeit, Nahbarkeit und Abwesenheit von Statussymbolen attestiert wird. Gab es Versuchungen?

Mir ist eines sehr wichtig: sich selbst nicht zu wichtig zu nehmen. Mich hat das Buch „Mythos Motivation" von Reinhard K. Sprenger sehr geprägt. Dort wird beschrieben, dass extrinsische Motivation eine permanente Erhöhung des Reizniveaus benötigt, um wirksam zu bleiben. Man gewöhnt sich an vermeintliche Statussymbole. Sie nutzen sich jedoch schnell ab. Ich glaube an das Prinzip: Dankbar sind nicht die Glücklichen, sondern glücklich sind die Dankbaren.

Geht in diese Richtung auch Ihre erste Empfehlung, wenn Sie mit Nachwuchsführungskräften im Gespräch sind?

Ich betone immer, dass für dm und unsere Branche im übertragenen Sinne gilt: Unsere Patente sind die Art und Weise, die Form, wie wir zusammenarbeiten. Hierzu sollten Führungskräfte eine dienende Funktion übernehmen und die Teams unterstützen, einen positiven Unterschied für die Kundinnen und Kunden auszumachen.

Sie legen großen Wert auf flache Hierarchien. Manche sehen auch eine Herausforderung darin, dass zu wenig Führungszeit für den einzelnen übrig bleibt.

Es ist richtig, dass flache Hierarchien große Führungsspannen zur Folge haben. Der Freiheitsgrad für den einzelnen ist dadurch deutlich größer. Entscheidend ist die Frage, ob das Individuum, das weniger direkte Führung erlebt, trotzdem durch Selbstführung eine Aufgabensicherheit erlangen kann. Dafür ist aus meiner Sicht eines von zentraler Bedeutung: eine starke Unternehmenskultur. Erfolgreiche Führung in flachen Hierarchien bedingen das U aus dem Alphabet, gelebte Unternehmenswerte und Kultur.

Wie organisieren Sie vor diesem Hintergrund den praktischen Führungs- und Kommunikationsrhythmus in Ihrem Unternehmen?

Aus meiner Sicht gilt, recht trivial: Ein Unternehmen ist umso unternehmerischer, je unternehmerischer jedes Mitglied der Arbeitsgemeinschaft ist. Dafür sind zwei Komponenten wichtig: Transparenz, bei uns zum Beispiel die monatliche Vollkostenrechnung jedes dm-Marktes, und klare Ziele. Auf dieser Grundlage die Gesamtzusammenhänge zu verdeutlichen, ist die Kernaufgabe der Kommunikation der Unternehmensleitung.

Praktisch leben wir das auf unterschiedlichen Ebenen. Das beginnt bei der Geschäftsführung, die sich alle vier Wochen ganztägig persönlich trifft, in den anderen Wochen jeweils zwei Stunden digital für das eher operative Geschäft. Hinzu kommen Klausuren und Akademien in einem festen Rhythmus mit thematischen Schwerpunkten.

Wichtig ist, dass wir auch die Mitglieder der Arbeitsgemeinschaft, die oftmals in den Märkten im Tagesgeschäft stark gebunden sind, mit Zukunftsthemen erreichen. Hierfür gibt es die unterschiedlichsten Kommunikationsformate, zwei wesentliche davon nennen wir Durch- und Weitblick.

Welche Indikatoren beobachten Sie im Besonderen mit Blick auf die Attraktivität der Arbeitsgemeinschaft von dm am Arbeitsmarkt?

Wir haben inzwischen ungefähr 80.000 Kolleginnen und Kollegen. Daher beobachten wir natürlich sehr genau die Entwicklung der eingehenden Bewerbungen, die Ein- und Austritte, die Fluktuation in unseren Teams. Wichtiger als die absoluten Werte sind mir die Entwicklungsrichtungen. Unser Oberziel in einem Satz lautet: Hier bin ich Mensch, hier steig' ich ein. Das müssen wir natürlich jeden Tag einlösen. Es gilt das alte Prinzip: Menschen bewerben sich bei Unternehmen und verlassen es wegen Vorgesetzten.

Innovation steht bei dm an vorderster Stelle, auch im Speziellen das Entlernen, manche würden sagen das Entrümpeln von Organisationen. Was hat es damit auf sich?

Ich nutze hierzu meist das Bild von der Katze und der Meditationshalle: In einem Ashram lief immer eine Katze durch die Halle und störte den Guru bei der Meditation, weswegen die Katze immer vor der Pforte angebunden wurde. Irgendwann ist der Guru gestorben, später die Katze. Es wurde eine neue angeschafft, um sie traditionsbewusst immer während der Meditation anbinden zu können.

Dinge und Verhaltensweisen, die in der Vergangenheit richtig waren, sind für die Zukunft möglicherweise nicht mehr geeignet, fallen aus der Zeit. Wir müssen sie permanent hinterfragen. Wir versuchen, eine konstruktive Unzufriedenheit zu kultivieren. Wir sind mit offenen Fragen permanent auf der Suche nach Verbesserung. Das bewahrt uns vor der regelmäßigen Anschaffung neuer Katzen.

Das Unternehmen dm ist wirtschaftlich erfolgreich, in fast allen relevanten Feldern ausgezeichnet. Woher kommt die

Motivation, noch jeden Tag mehr zu wollen, konstruktiv unzufrieden zu sein?

Als Marktführer und Innovator müssen wir gut beobachten und antizipieren, was die Kundenerwartungen in der Zukunft sind. Darauf basierend gilt es aus uns heraus Strategien und konkrete Handlungen zu kreieren, die einen relevanten Kundennutzen generieren und uns im unendlichen Spiel des Wettbewerbs halten. Das bedeutet für mich Freiheit. Sie ist manchmal anstrengend und es gibt auch Durststrecken. Wenn uns dies aber gelingt, hat es für mich etwas Schöpferisches.

Welche Botschaft ist Ihnen zum Abschluss wichtig?

Es ist sehr viel erreicht, wenn wir uns immer wieder klarmachen, dass wir verantwortungsvoll mit der Lebenszeit unserer Mitmenschen umgehen. Das ist entscheidend für die Zusammenarbeit in Unternehmen.

3.6 Stefan Wintels

Stefan Wintels ist Vorsitzender des Vorstands der Transformations- und Förderbank KfW.

Lieber Stefan, Du führst die Förderbank KfW, eine wichtige Institution an der Schnittstelle zwischen Politik, Finanz- und Wirtschaftswelt sowie Gesellschaft. Hat Dich etwas aus dem Alphabet besonders angesprochen?

Für mich haben die zwei Schlüsselthemen, individuelle Führung und institutionelle Arbeitgeber-Attraktivität, eine herausragende Bedeutung, gerade in ihrer Verbindung. Das eine geht nicht ohne das andere. Sicherlich haben die Begriffe für mich jeweils eine unterschiedliche Relevanz. Ich habe mich gefragt, beide Felder sind schließlich so zentral, ob sie nicht jeweils ein eigenes Alphabet verdient gehabt hätten. Inhaltlich sind für mich hinsichtlich Arbeitgeber-Attraktivität das „U", die Unternehmenswerte, am wichtigsten; mit Blick auf Führung würde ich ein weiteres „V", die Verantwortung, ergänzen.

Gab es bereits in Deiner Jugendzeit, Du bist in Nordhorn aufgewachsen, Prägungen in diese Richtung?

Ich hatte vor einigen Jahren, rund um meinen 50. Geburtstag, das Bedürfnis gehabt, mich mit dieser Frage auseinanderzusetzen: Warum ist es gekommen, wie es gekommen ist? Ich habe festgestellt, dass mich in meinem Leben immer wieder drei Dinge angetrieben haben: zunächst die Bereitschaft, Verantwortung zu übernehmen. Ich war beispielsweise 12 Jahre Klassensprecher in der Schule. Darüber hinaus der Wunsch zu gestalten, verbunden mit dem Interesse an Menschen und Begegnungen. Wahrscheinlich ist das die motivatorische Kombination, die mich dorthin gebracht hat, wo ich heute bin. Ich bin generell davon überzeugt, dass es wichtig ist, dass sich Menschen hinterfragen, was sie antreibt, was ihre wirkliche, tiefere Motivation ist.

Hätten Deine Familie, Dein soziales Umfeld damals einen derartigen Werdegang prognostiziert, wie er jetzt eingetreten ist?

Wenn ich zum Abitreffen gehe oder mit meinen Schwestern rede, dann sind die teilweise überrascht, aber weniger davon, dass ich eine berufliche Entwicklung mit hohem Ambitionsniveau genommen habe, sondern eher von der inhaltlichen Richtung.

Was hätten sie alternativ erwartet?

Ich wollte eigentlich Lehrer werden, nach dem Abitur ein Studium mit Schwerpunkten in kulturellen, wissenschaftlichen und politischen Fragestellungen beginnen. Meine Eltern haben mir dann empfohlen, erst einmal eine Ausbildung, in meinem Fall bei der Deutschen Bank, zu machen. Letztendlich hat dies meinem Leben eine entscheidende Richtung gegeben. Das Leben ist wie ein Baum, eher zufällig wächst an irgendeiner Stelle ein Ast und es öffnet sich ein unerwarteter Weg. Rückblickend bereue ich nichts, im Gegenteil. Auch wenn ich vor allem zu Anfang meiner Ausbildung mit dem sehr konservativen Umfeld gehadert habe.

Als die Gleise gelegt waren, hast Du in Deinem beruflichen Werdegang, nach der Deutschen Bank dann vor allem lange Jahre bei der Citigroup, sehr konsequent Fahrt aufgenommen.

Auf jeden Fall, Leistungsorientierung und Engagement waren und sind mir bis heute sehr wichtig. Der Grundsatz „Von nichts kommt nichts" mag recht abgedroschen sein, aber er stimmt immer noch. Dieser Grundsatz, die Freude an Leistung sind aus meiner Sicht sowohl für Menschen als auch für Unternehmen empfehlenswert.

Deine Entwicklung war durch eine hohe Stetigkeit gekennzeichnet, in der globalen Finanzwelt alles andere als eine Selbstverständlichkeit.

Das stimmt. Ich bekam die Chance, immer neue, breitere Aufgabengebiete bei der Citigroup, zuletzt eine globale Rolle für die Betreuung von Financial Institutions, zu übernehmen. Dass ich mit 54 Jahren noch an die Spitze der KfW berufen wurde, war für mich großes Glück und eine große Ehre.

Diese Branche, zumal in den Zeiten rund um die Finanzkrise, hatte sicher das Potenzial, Menschen charakterlich auch in die falsche Richtung zu führen. Wie hast Du dort Deine innere Unabhängigkeit bewahrt?

Ich habe, auch in meiner Rolle als Investmentbanker, immer daran geglaubt, dass Banken nicht nur eine hohe volkswirtschaftliche, sondern auch eine wichtige gesellschaftliche Verantwortung haben, als Treuhänder und Mittler zwischen Wirtschaft und Gesellschaft. Dazu habe ich glücklicherweise durch mein Elternhaus ein klares Wertegerüst mitbekommen, das auf Respekt, Verantwortung und Leistungsbereitschaft beruht.

Insofern habe ich die Finanzkrise als schweren Rückschlag empfunden. Die Citigroup musste zweimal vom Staat gerettet werden. Dies waren existenzielle Momente. Der Vertrauensverlust in die Branche hallt bis heute in der Öffentlichkeit bekanntlich nach. Ich hoffe und nehme es aber so wahr, dass die aktuelle Generation von Bankern, die heute in verantwortungsvoller Rolle aktiv sind, alles dafür tun, dass sich so etwas nicht noch einmal wiederholt. Es ist wichtig, dass wir wieder Teil der Lösung sind und unsere Rolle mitten in der Gesellschaft verantwortungsvoll wahrnehmen. Gerade in der jetzigen Zeit, im Zeitalter der Transformation, in dem der Finanzindustrie eine sehr zentrale Rolle zukommt.

Nicht viele Beobachter hatten dann damit gerechnet, dass Du Vorstandsvorsitzender der KfW werden würdest.

Als die Ansprache erfolgte, habe ich mich intensiv mit der KfW, die ich natürlich als Kunde bereits kannte, beschäftigt. Je länger ich das getan habe, umso reizvoller erschien mir die Aufgabe. Wie kein anderes Institut verbindet sie globale Relevanz und eine zentrale Schnittstellenaufgabe zwischen Politik, Wirtschaft, Finanzwelt und Gesellschaft. Die KfW ist die Ermöglicherin der Transformation – national und international. Für mich, als zeit meines Lebens politisch sehr interessierten und engagierten Menschen, hatte das eine hohe Anziehungskraft, war für mich fast schon eine Berufung. Ich bin sehr dankbar, dass auch die Politik mir dieses Vertrauen gegeben hat. Einen Investmentbanker von einem amerikanischen Institut hätte man auch mit vielen Klischees versehen können.

Vor Kurzem hast Du formuliert, dass Du in Deiner neuen Rolle bei der KfW noch keinen Tag unglücklich gewesen bist. Ist der Zähler weiterhin noch nicht angesprungen?

Seit meinem Beginn vor gut zwei Jahren habe ich meine Entscheidung nicht bereut. Insgesamt zähle ich bisher weniger als fünf schlechte Arbeitstage. Das ist eine unglaublich gute Quote.

Vor dem Start bei der KfW hast Du Dich intensiv vorbereitet, man könnte sagen, nichts dem Zufall überlassen. Das hat sicher geholfen, Hemmschwellen, sofern es sie gegeben hat, zu überwinden.

Die sechs Wochen vor dem Start habe ich genutzt, um über 100 Gespräche mit KfWler:innen zu führen, dabei vor allem zuzuhören. Das hat sicher viele überrascht und gleichzeitig das Ankommen erleichtert. Ich kann das jedem, der eine neue Führungsrolle übernimmt und die Möglichkeit dazu hat, nur empfehlen. In der Zeit hatte ich noch sowohl den Kopf als auch den

Kalender frei. Den Ratschlag, das so zu machen, hatte ich selbst durch einen Mentor bekommen. Es hat mich in die Lage versetzt, vom ersten Tag an inhaltlich recht gut angekommen zu sein. Das war gerade deswegen hilfreich, weil wir als Institution dann sehr schnell gefordert waren. Generell halte ich es für eine berechtigte Erwartungshaltung an einen CEO, dass er sich systematisch vorbereitet. Den oftmals formulierten Zeitraum von 100 Tagen zur Einarbeitung und Positionsfindung hat man meistens nicht. Die Organisation schaut auf den CEO vom ersten Tag an und jedes Wort wird auf die Goldwaage gelegt. Mir war auch völlig klar, dass das ein großer beruflicher Schritt für mich persönlich ist, von einer Rolle im Citigroup-Konzern zum Vorstandsvorsitzenden eines großen und unabhängigen Unternehmens wie der KfW. Eine Veränderung, in die ich mit viel Demut gegangen bin. Ressentiments gegenüber meiner Person habe ich bei der KfW im Übrigen gar nicht festgestellt, im Gegenteil, die KfW hat eine herzliche Willkommenskultur.

Du hast Führungsrollen in sehr unterschiedlichen Umfeldern wahrgenommen, früher in einem stark angelsächsisch orientierten, jetzt einem politiknäheren. Musstest Du Deinen Führungsstil anpassen?

Als junge Führungskraft habe ich in der Abteilung für Konzernentwicklung, der damals recht bekannten AfK, bei der Deutschen Bank gearbeitet. Dort hatte ich eine Phase, in der ich zu viel zu schnell wollte. In der Zeit musste ich von Freunden aufgefangen werden, habe dann auch mein Verhalten geändert. Bei der Citigroup habe ich später anhand einer Mitarbeiterbefragung gemerkt, wie wichtig es ist, das Eigen- und das Fremdbild zusammenzubringen.

Für mich bilden die Freude, Verantwortung zu übernehmen, der Spaß zu gestalten und die Neugier, Menschen kennenzulernen, die Konstanten. Wichtig war mir auch immer das gegenseitige Vertrauen. Gerade für Vorstandsvorsitzende in ihrer Vorbildrolle gilt der kantsche Imperativ: Du solltest nichts von den Mitarbeitenden erwarten, was Du Dir selbst nicht zumutest. Insofern hat sich mein Führungsverhalten nicht grundlegend geändert, aber ich arbeite an mir, ähnlich wie ein Sportler, um täglich besser zu werden.

Neben dieser Reflexion auf Deinem eigenen Weg, welche Ratschläge gibst Du jungen Nachwuchskräften?

(lacht) Als Vater von 4 Kindern beschäftige ich mich ohnehin viel mit der Frage, welche Empfehlungen man der nächsten oder auch der übernächsten Generation gibt. Aber im Ernst: Ich betone besonders die Bereitschaft und Freude daran, mit hohem Engagement zu arbeiten und Durchhaltevermögen zu zeigen. Das ist individuell wichtig, aber auch für unsere Gesellschaft als Ganzes. Das zweite ist das Hineinhorchen in sich, die Aufrichtigkeit gegenüber sich selbst, was die eigene Kernmotivation im Leben und somit auch beruflich ist. Das ist anstrengend, diese Selbstreflexion benötigt auch Zeit. Als dritter Punkt ist mir wichtig, für sich ein klares Wertegerüst zu definieren. Dazu gehören für mich auch stabile private Verhältnisse. Es mag altmodisch klingen, ist ungeachtet dessen aber wichtig. Jeder mag selbst entscheiden, was er darunter versteht. Für mich ist das meine Familie. Sie gibt mir viel Kraft und ist gleichzeitig ein wichtiger Impulsgeber.

Über Dich wird berichtet, dass Du den Knigge für Bankvorstände beherrschst, Du vorlebst, wie CEOs stilsicher auftreten. Welche Bedeutung hat der öffentliche Auftritt für Dich, ist das erlernt?

Ob man es will oder nicht, ein CEO ist das Gesicht eines Unternehmens. Man muss nur aufpassen, dass ein solches Amt nicht zur Rolle wird. Man sollte auch versuchen, sich selbst treu zu bleiben. Dem versuche ich, mit Disziplin, auch mit einer Portion Humor gerecht zu werden. Die erhöhte Öffentlichkeit ist für mich ein großer Schritt gewesen. Vor der Übernahme einer neuen Aufgabe sollte man sich bewusst fragen: Welchen Grad an Öffentlichkeit der eigenen Person will man, gerade im Zeitalter der sozialen Medien? Ich habe mich auf diese Reise begeben, nehme mir in regelmäßigen Abständen aber immer die Zeit, mache Pausen, um gemeinsam mit Beratern und Freunden zu hinterfragen, ob ich auf dem richtigen Weg bin. Auch das sollte eine kontinuierliche Entwicklung sein.

Wirtschaftsvertreter:innen haben gerade in der jetzigen Zeit die Pflicht, über ihre eigene Tätigkeit hinaus zu gesellschaftlichen Themen Stellung zu beziehen. Wir können diese Verantwortung nicht delegieren. Unsere Demokratie basiert darauf, dass sich Menschen engagieren. Insofern ist dies auch ein Appell, dass man sein Amt im Rahmen des Unternehmenszwecks entsprechend im Sinne unserer Gesellschaft nutzt.

Du hast den Terminus des „Jahrzehnts der Entscheidung“ etabliert. Bettet sich in dieses Narrativ auch Arbeitgeber-Attraktivität als Schwerpunkt ein?

Der Begriff stammt noch aus der Zeit, bevor ich bei der KfW angefangen habe. Er ist dynamisch und bezieht sich nicht nur auf Nachhaltigkeit und Klimawandel. In vielen zentralen Feldern, auch Digitalisierung und europäische Souveränität, müssen wir jetzt die wichtigen Weichenstellungen für die Zukunft, für die nächsten Generationen setzen. Somit gibt es natürlich Schnittmengen zur Arbeitgeber-Attraktivität. Wir müssen uns immer hinterfragen, ob wir die richtigen Fähigkeiten und auch eine Kultur haben, die diesen besonderen Herausforderungen gerecht wird.

Welche Bedeutung hat Arbeitgeber-Attraktivität für die KfW?

Es reicht heute nicht mehr aus, einen überragenden Unternehmenszweck, also „Purpose" zu haben, wie die KfW. Wir müssen ein Arbeitsumfeld schaffen, das für die Belegschaft, im Übrigen nicht nur für die jungen Mitarbeitenden, attraktiv ist. Insofern sollte Arbeitgeber-Attraktivität eine der Kernprioritäten jedes CEOs bzw. Vorstands sein. Die KfW wird ungefähr ein Drittel ihrer Mitarbeitenden altersbedingt bis zur Mitte des nächsten Jahrzehnts verlieren. Wir müssen uns fragen, wie wir diese ersetzen können. Mein Credo ist, dass wir in Zukunft, bei allen Arbeitsmarkt- und migrationspolitischen Bemühungen, mehr werden schaffen müssen mit weniger Menschen. Insofern müssen wir Technologien und Künstliche Intelligenz nutzen, um effektiver und effizienter zu werden. Das bietet auch das Potenzial, das Arbeitsumfeld für Menschen attraktiver zu machen. Wir stehen hier als Gesellschaft und Unternehmen vor großen Aufgaben.

Insofern ist Arbeitgeber-Attraktivität eine zentrale Priorität in der Unternehmensstrategie der KfW.

Absolut. Wir haben das auch systematisch im Rahmen eines Projektes adressiert. Es ist Bestandteil unserer Strategie für das Gesamthaus, KfWplus, die insgesamt eine hohe Unterstützung erfährt. Die Verantwortung liegt im Personalbereich, aber natürlich in enger Abstimmung mit der Konzernentwicklung und Kommunikation. Hierbei ist eine Differenzierung wichtig: Sicherlich gibt es konkrete Mindestbedingungen und Faktoren wie zum Beispiel flexible Arbeitszeiten. Noch wichtiger sind allerdings die Felder, die das Potenzial in sich tragen, Begeisterung zu entfachen, zum Beispiel der Unternehmenszweck.

Eine der Hauptprioritäten ist hierbei das Thema Führung. Im Kern kommt den Führungskräften in einer immer komplexeren Arbeitswelt eine entscheidende Bedeutung zu. Es ist sicherlich noch nie so spannend, aber auch noch nie so anspruchsvoll gewesen wie heute, Führungskraft zu sein. Wir müssen als Unternehmen mehr investieren, sowohl in die Auswahl als auch in die Entwicklung von Führungskräften.

Welche Schwerpunkte legt Ihr in der Kommunikation nach innen? Wie geht Ihr mit dem Spannungsfeld um, dass ein hohes Maß an direkter Kommunikation erwartet wird, gleichzeitig aber auch ein exklusiverer Kanal in Richtung der Führungskräfte existieren soll.

Der Kommunikation kommt natürlich eine überragende Rolle zu. Mindestens 50 Prozent des Erfolges hängen sicherlich an der Art und Weise, wie wir kommunizieren. Insgesamt sollte man sich als CEO in der Frage der Wirkung der eigenen Kommunikation aber auch nicht überschätzen. Man kann den „tone from the top“ setzen, hier sind aber alle Führungsebenen gefragt, insbesondere die Teamleitenden. Ihnen kommt eine zentrale Rolle als

Transmissionsriemen in der operativen Führung, aber auch in der Kommunikation zu. Daher haben wir entschieden, sie jetzt auch zu unseren obersten Führungskräfte-Veranstaltungen einzuladen. Was uns in dem Zusammenhang auch sehr wichtig ist, ist die Rotation. Wir propagieren und fördern sie ganz bewusst, auch um die Führungsqualitäten in der Breite weiterzuentwickeln. Die Zeiten von „einmal Fixed Income-Händler, immer Fixed Income-Händler" sind vorbei. Bei uns wird beispielsweise niemand Bereichsleitender, der zuvor nicht mindestens zwei unterschiedliche Abteilungen geführt hat. Meine persönliche Erfahrung ist, dass die Lernkurven bei Weiterentwicklungen on the Job deutlich steiler sind als bei klassischen Weiterbildungen.

Wie groß sind die Herausforderungen für die KfW in den Feldern Recruiting und Bindung von Young Professionals?

Angesichts des demografischen Wandels sind das natürlich Kernthemen. Den Fachkräftemangel spüren auch wir ganz besonders in der IT. Insgesamt unterstützen unser Unternehmenszweck und die gestiegene Bedeutung der KfW unsere Attraktivität. Daher schaffen wir es, die Fähigkeiten an Bord zu holen und zu binden, die wir benötigen. Wir dürfen uns aber nicht darauf ausruhen. Zumal wir merken, dass die Bindung zu den Mitarbeitenden, die in den Coronajahren gekommen sind, etwas niedriger ist. Wir fördern die Begegnungskultur zum Beispiel durch unser jüngst eröffnetes Digi-Café auf dem Campus und ein breites Veranstaltungsangebot. Ungeachtet dessen haben wir in diesen Feldern noch viel Arbeit vor uns.

Lieber Stefan, vielen Dank für das Gespräch. Hast Du noch „famous last words" bzw. einen abschließenden Gedanken?

Ich bin überzeugt, dass es in den kommenden Jahren auch darum geht, unsere freiheitlich demokratische Gesellschafts- und Wirtschaftsordnung zu verteidigen und Lösungen zu suchen auf Fragen, die die Menschen bewegen. Führungskräfte haben hier eine besondere Verantwortung in ihren Unternehmen und der Gesellschaft. Im Ergebnis werden wir eine Kultur benötigen, die Veränderungen als Chance begreift, und Fähigkeiten, diese Chancen zu nutzen.

3.7 Reinhard Zinkann

Reinhard Zinkann ist geschäftsführender Gesellschafter von Miele, dem weltweit führenden Hersteller von Premiumgeräten für Haushalt-, Gewerbe-, Medizin- und Labortechnik.

Lieber Reinhard, Du bist Mitglied der Geschäftsleitung der Miele Gruppe, eines der zweifelsfrei traditionsreichsten deutschen Familienkonzerne. Haben sich für Dich bei der Lektüre des Alphabets besondere Anknüpfungspunkte ergeben?

Auf jeden Fall. Zu mehr als der Hälfte der Begriffe habe ich einen starken inneren Bezug, im Besonderen zum „U", den Unternehmenswerten, und zum „V", dem Vorbild.

Du führst das Unternehmen in vierter Generation. Gab es einen Autopiloten für Deinen beruflichen Weg aufgrund der familiären Herkunft?

Ja und Nein. Mein Vater war für mich nie ein Übervater, wohl aber ein beeindruckender Unternehmer, genialer Ingenieur, eine hochgeachtete Führungspersönlichkeit – und er ist bis heute ein brillanter Geist. Mit seinen 95 Jahren denkt er immer noch jeden Tag an die Zukunft und nie rückwärtsgewandt. Ich habe mich als Kind immer gefragt: Werde ich jemals ein so guter Unternehmer wie mein Vater – und will ich das überhaupt versuchen?

Hinzu kamen noch zwei unternehmerische Großväter, der Mütterliche als Vorstandsvorsitzender in der Energiewirtschaft und der Väterliche in unserem Familienunternehmen, ein extrem leistungsorientierter und auch strenger Mann. Beide waren sehr prägend für mich. Ich war eher ein junger Spring-ins-Feld. Das war ein deutlicher Gegensatz.

Hattest Du das Gefühl, dass die Familie von Dir erwartete, bei Miele einzusteigen?

Nein, tatsächlich nicht. Auch mein Vater hat mich nie zu etwas gedrängt. Er ist ein sehr gütiger Mensch, der mich auch Wege, die er überhaupt nicht gut fand, hat gehen lassen. Ich sollte meine eigenen Erfahrungen machen, das war immer seine Haltung.

Tatsächlich hatte ich auf der Strecke auch ganz andere berufliche Vorstellungen. Als leidenschaftlicher Segler wollte ich zunächst zur Marine, wurde dort aber nicht genommen, zum Glück, wie ich heute ergänzen möchte. Stattdessen habe ich dann Geschichte, Musikwissenschaft und Philosophie studiert. Mein Vater hat das auch unterstützt, denn die Geisteswissenschaften haben bei uns zu Hause immer eine große Rolle gespielt. Gleichzeitig hat er mich ermuntert, auch VWL zu studieren, wobei ich später zu BWL gewechselt habe. Was ihn selbst aber beschäftigt hat, unternehmerisch oder gesellschaftlich, spielte bei unseren Vater-Sohn-Spaziergängen am Wochenende stets eine große Rolle.

So kam ich schrittweise, auch über eine Reihe von Praktika, zu der Erkenntnis, dass das Wirtschaftsleben doch ganz interessant sein kann. Warum sollte ich dann nicht irgendwann in dem Unternehmen Verantwortung übernehmen, das mein Urgroßvater mitgegründet hatte? Das Wann und Wie war über lange Zeit jedoch völlig offen. Nach meiner Promotion und meinen ersten Berufsjahren bei BMW, die mich sehr begeistert und geprägt haben, war dann die Zeit gekommen, sich dem reglementierten Bewerbungsprozess für unser Unternehmen zu stellen. Aber auch diese Entscheidung hatte ich mir nicht leicht gemacht.

Eine späte Liebe?

Eine späte Liebe, genau. Mein Vater hat mir immer gesagt, dass ich in vielen Eigenschaften anders sei als er, auch da ich kein Ingenieur war, sondern Kaufmann. Insofern hätte ich auch andere Voraussetzungen und Stärken, etwa als Kommunikator und Vernetzer, der Menschen begeistern könne.

Deine Herkunft war Chance und Bürde in einem?

Ich habe sie lange Zeit eher als belastend empfunden, auch in meiner ersten Zeit in der Firma. Natürlich haben mich viele primär als Sohn gesehen. Ich wurde intensiv beobachtet.

Somit waren die ersten Jahre bei Miele eher Bewährungsprobe und weniger goldene Brücke?

Das waren in der Tat knallharte Bewährungsjahre. Mein Traum war, als erste Rolle eine Auslandsorganisation zu übernehmen, eine Vertriebsgesellschaft weit weg von Gütersloh. Aber dem war nicht so. Wir hatten eine Firma gekauft, Imperial, mit zwei Werken, knapp 900 Mitarbeiterinnen und Mitarbeitern. Ein Hersteller von Kochfeldern und Dunstabzugshauben, der damals auch uns beliefert hat. Die Marke Imperial war im Küchenfachhandel sehr stark, während Miele damals noch eher als eine „Reinigungsmarke" wahrgenommen wurde, also vor allem für Wäschepflege, Staubsauger und Geschirrspüler. Herde und Backöfen hatten wir natürlich auch damals schon im Programm, aber noch lange nicht mit der strategischen Bedeutung wie heute. Die Aufgabe war, dieses Unternehmen operativ zu führen und aus den dort gewonnenen Erkenntnissen Miele später auch zu einer „Genussmarke" zu machen.

Besonders in Erinnerung geblieben ist mir der Willkommenssatz einer wichtigen Führungskraft: „Sie sind mein siebter Chef, und Sie überlebe ich auch noch." Damit meinte er meinen irgendwann abzusehenden Wechsel nach Gütersloh, und insoweit lag er auch nicht falsch. Ich musste mich damals in für mich völlig fremde Themen wie Entwicklung und Fertigung einarbeiten. Am Ende hatten wir Erfolg, und ich war stolz auf ein gut zusammengeschweißtes Team meiner direkten Führungskräfte.

Ohne hier zu sehr ins Detail gehen zu wollen: Für mich war die Aufgabe extrem herausfordernd. Schlussendlich hat es sich trotz des Erfolges der Marke aber als nicht praktikabel erwiesen, bei Einbaugeräten zwei Marken parallel zu führen und europaweit auszurollen. Daher haben wir schweren Herzens entschieden, ausschließlich auf die Kraft der Marke Miele zu setzen. Das hat sich aber als absolut richtig erwiesen und auch als richtungsweisend für die Positionierung von Miele als Ganzem. Zugleich haben sich die Werke von Imperial unter dem Dach von

Miele hervorragend entwickelt. Heute sind sie die Herzkammer unserer Business Unit Cooking und steuern die Errichtung unseres ersten Werkes in den USA.

Nach all diesen und den danach folgenden Erfahrungen, wie würden Dich Deine Teammitglieder heute als Führungskraft beschreiben?

Sie würden sagen, dass ich, anders als mein Vater, nicht der strategische Kopf bin, mich aber schnell in Themen eindenke, diese stark vorantreibe, das Team motivieren kann und sehr offen für Veränderungen bin. Ich erwarte, dass unsere Führungskräfte Verantwortung übernehmen, ihre Bereiche wie eine Unternehmerin oder ein Unternehmer führen und Entscheidungen nicht nach oben zurückdelegieren.

Dazu habe ich eine feste Überzeugung, die ich auch lebe: Ich suche für unsere Führungsaufgaben immer Menschen, die besser sind als ich, die insbesondere auch die Kompetenzen einbringen, die nicht zu meinen Stärken zählen, von denen ich lernen und denen ich natürlich auch vertrauen kann. Aktuell gilt dies zum Beispiel für unsere Smarthome-Strategie, also die digitalen Services zur Einbettung unserer Produkte ins vernetzte Zuhause. Gleiches gilt auch für unser digitales Marketing.

Ihr seid eine gleichberechtigte sechsköpfige Geschäftsführung mit Dir als einem von zwei geschäftsführenden Gesellschaftern. Wie funktioniert die Zusammenarbeit?

Sehr gut. Markus Miele und ich als Vertreter der beiden Inhaberfamilien in der operativen Geschäftsleitung leben unsere Rolle eben nicht in der hierarchischen Interpretation als eine

„Doppelspitze“, sondern komplett als Team. Wir haben immer gemeinsam und einstimmig entschieden und noch kein einziges Mal ein Veto eingelegt. Vielleicht dauern Prozesse der Entscheidungsfindung manchmal etwas länger. Wir haben die Erfahrung gemacht, dass es auch sehr sinnvoll sein kann, wichtige Themen noch einmal mit in den Schlaf zu nehmen und dann in unserer nächsten Sitzung eine Entscheidung zu treffen, hinter der dann wirklich alle stehen. Hinzu kommt, dass wir beide uns auch dadurch gut ergänzen, dass sich Markus Miele als Wirtschaftsingenieur eher um die technischen und ich mich um die vertrieblichen Themen kümmere.

Den Ostwestfalen wird Fröhlichkeit nicht als Haupteigenschaft zugeschrieben. Da scheinst Du eine Ausnahme zu sein; hinzu kommt Deine Freude an Sprache und klassischen Zitaten. Woher kommen diese Eigenschaften und die Leidenschaft?

Ich war nie besonders sportlich. Das lag daran, dass ich räumlich nicht sehen kann, sehr hinderlich gerade bei Ballsportarten. Als Ausgleich dafür habe ich immer viel, dabei auch zunehmend schnell gelesen. Mich reizen die intellektuelle Herausforderung und die Kraft des Wortes. Ich habe ein ganz ordentliches Gedächtnis, und wenn mir etwas Interessantes auffällt, schreibe ich mir das im Kontext heraus, behalte aber immer auch die Primärquelle. Häufig wird ohne Kontextwissen völlig falsch zitiert. Hierfür habe ich mir einen digitalen Zettelkasten erstellt.

Ein wichtiges Themenfeld ist die Verantwortung und Ethik des Unternehmers, gerade des Familienunternehmers.

Siehst Du in diesem Feld einen Vorteil gegenüber börsennotierten Aktiengesellschaften?

Diesen Gegensatz würde ich so nicht sehen. Das hängt sehr von dem „U“ und dem „N“ in Deinem Alphabet ab, den Unternehmenswerten und der Nachhaltigkeit im Handeln. Für Miele kann ich sagen, dass im früheren Büro von Carl Miele noch ein altes Kalenderblatt hängt mit dem Sinnspruch „Friede ernährt, Unfriede verzehrt“. Einigkeit und Zusammenhalt sind wichtig, Zwist löst Unsicherheit und Angst aus. Anfällig können dafür aber sowohl Familienunternehmen als auch börsennotierte Gesellschaften sein. Letztere aus meiner Sicht besonders dann, wenn sie ausschließlich am kurzfristigen Shareholder-Value oder sonstigen Kennzahlen orientiert sind.

Wichtig ist, nah an den Menschen zu sein. Wenn ich eine unserer Vertriebsgesellschaften besuche, mache ich als Erstes einen Rundgang, auf dem ich jeder Mitarbeiterin und jedem Mitarbeiter die Hand gebe und versuche, zumindest einen Satz zu wechseln. Das hat eine starke Wirkung. Ob das möglich ist, hängt aber nicht von der Rechtsform ab, sondern von der Größe – und von dem Geist, der in einem Unternehmen gelebt wird. In börsennotierten Gesellschaften wird der Vorstand aufgrund der Laufzeit seiner Verträge operativ anders denken und handeln als ein Familienunternehmer, dessen Amtszeit naturgemäß nicht auf eine eher kürzere Vertragslaufzeit ausgerichtet ist.

Den Menschen im Auge zu behalten, ist das auch Deine wichtigste Empfehlung an Nachwuchsführungskräfte?

Mit Sicherheit. Man darf nie vergessen, sich dem Menschen zuzuwenden. Der österreichische Wirtschaftswissenschaftler Hans

H. Hinterhuber hat es „dienende Führung“ oder „Servant Leadership“ genannt. Ich sage aber auch: Seid ehrlich und klar! Ein potenzieller Nachteil von Familienunternehmen besteht in einem hohen Beharrungsvermögen, im Festhalten an Menschen, deren Kompetenzen nicht mehr passen. Oft wird das Gebot „Never build an organization around people“ nicht geachtet, indem man, statt einen Schnitt zu machen, Personen immer wieder versetzt. Dabei ist Klarheit und Entscheidungskonsequenz gerade in Personalfragen enorm wichtig.

Wie schätzt Du die Arbeitgeber-Attraktivität von Miele ein?

Bei uns finden junge Talente und erfahrene Kräfte die internationalen Karriereperspektiven und die Vielfalt der global erfolgreichen Hightech-Company sowie die wertschätzende Unternehmenskultur und die langfristige Ausrichtung des Familienunternehmens in vierter Generation. Wenn ich mit neuen Kolleginnen und Kollegen spreche, dann heben diese oft auch die Anziehungskraft unserer Marke hervor, das Gefühl, man arbeite für einen Hersteller mit Premiumprodukten, die man auch selbst gerne nutzt. Anfang des Jahres haben wir in einem groß angelegten Arbeitgeberranking der Zeitschrift „stern“ unter 650 bewerteten Unternehmen Platz 13 belegt, was mich sehr gefreut hat. Auch als Ausbilder hat Miele einen ausgezeichneten Ruf und ist für die Schulabsolventinnen und -absolventen der Region oft erste Wahl. Dadurch können wir viele unserer Fach- und Führungskräfte langfristig selbst aufbauen. Manchmal ist es auch nicht so einfach, die besten Leute nach Ostwestfalen zu bekommen.

Im praktischen Arbeiten an der Arbeitgeber-Attraktivität: Welche Themen sind für Euch besonders wichtig?

Auch hier gilt natürlich unser Gründermotto „Immer besser“. Schon das Onboarding, im Alphabet das „W“ der Willkommenskultur, hat eine hohe Bedeutung, wenn es darum geht, die „Neuen“ zu begeisterten Teammitgliedern zu machen. Hier haben wir sehr klare Prozesse. Ab einem bestimmten Level durchlaufen neue Führungskräfte mehrere Wochen alle für sie relevanten Bereiche des Unternehmens, führen auch mit Markus Miele und mir persönliche Gespräche. Es ist wichtig, dass sie die gesamte Breite kennenlernen. Darüber hinaus haben Vielfalt im Unternehmen, Angebote zur Weiterbildung sowie flexible Regelungen für mobiles Arbeiten und Homeoffice einen hohen Stellenwert. Miele steht aber auch für umfassende Sozialleistungen, wie die eigene Betriebskrankenkasse und eine attraktive betriebliche Altersversorgung. Und nicht zu vergessen: Wir arbeiten kontinuierlich an der zukunftsgerichteten Weiterentwicklung unserer Unternehmenskultur im Sinne einer „Creators’ Culture“.

Welche weiteren Wege findet Ihr in der Kommunikation in die Belegschaft?

Da nutzen wir die gesamte Bandbreite, vom schlichten Mitarbeiterbrief über Interviews im Intranet und bedienen uns der internen Chatfunktion bis hin zu Videobotschaften und vielem mehr. Die gesprochene Botschaft, wie zuletzt in der Videoansprache von Markus Miele und mir zum neuen Jahr, wirkt natürlich stärker und authentischer als das geschriebene Wort. Insgesamt hat die digitale Kommunikation enorm an Bedeutung gewonnen, seit wir nach dem Ausbruch von Corona praktisch von heute auf morgen unseren gesamten Bürobetrieb in die Homeoffices verlegen mussten. Dennoch gilt weiterhin: Der direkte persönliche Austausch ist durch nichts zu ersetzen, ob in einer Betriebsversammlung, im Workshop oder während eines Kantinengesprächs. Ich selbst brauche den persönlichen Kontakt mit den Menschen und freue mich immer darauf, mit Mitarbeiterinnen und Mitarbeitern ins Gespräch zu kommen.

Was ist Dir zum Abschluss noch besonders wichtig?

Für mich ist das Entscheidende die Identifikation aller Kolleginnen und Kollegen mit dem Unternehmen, der Marke und den Produkten. Es geht um das „Wir" und nicht um das „Ich". Im Klartext: Meinungsverschiedenheiten ja, Eitelkeit und Machtspiele nein. Dabei sind natürlich die Führungskräfte besonders gefordert. Unsere „Creators' Culture" mit Prinzipien wie „Ideas over Hierarchy" muss aber auch in beide Richtungen gelebt werden, von oben nach unten wie von unten nach oben.

4. Blick nach vorn

Renommierte Unternehmer und Führungspersönlichkeiten haben uns Einblicke in ihre Sicht und ihr Handeln zu Arbeitgeber-Attraktivität und Führung gewährt. Es mag sich vielleicht etwas das Gefühl des Erschlagenseins oder der Überforderung einstellen. Wie lässt sich das Gelesene anwenden und in persönliches Handeln umsetzen? Wir wollen nicht der Versuchung erliegen, das Erfahrene in ein Ratgeber-Checklisten-Format zu überführen. Jeder möge sich individuell an diesem vielfältigen Büfett an Impulsangeboten bedienen. Gleichzeitig ziehen sich einige Erkenntnislinien durch die Gespräche:

1. Auf den Menschen (und das Menschenbild) kommt es an

Augenhöhe und Wertschätzung gegenüber anderen Menschen sollten das Handeln von Führungskräften prägen. Ein derart fundiertes Menschenbild bildet die grundlegende Keimzelle, um gute Führung auf individueller Ebene und Arbeitgeber-Attraktivität systemisch zu erreichen.

Diese im Alphabet formulierte These bestätigt Goldbeck mit dem Unternehmenswert der Menschlichkeit, dem offenen und nahbaren Umgang miteinander sowie dem Vertrauen in die Urteilskraft des Individuums. Weimer betont die Bedeutung der individuellen Wahrnehmung und Wertschätzung, Wintels die Notwendigkeit, schonungslos die persönlichen, tieferliegenden Motivationslagen zu erforschen, bei ihm insbesondere auch das Interesse an Menschen und Begegnungen. Zinkann formuliert sein persönliches Bedürfnis und gleichzeitig das unternehmerische Erfordernis, nah am Menschen zu sein. Leibinger-Kammüller unterstreicht die Bedeutung des Optimismus, für den beispielsweise Erich Kästner Inspirationen liefert, und der Empathie, der „Liebe zum Menschen" als Grundvoraussetzung für Führung.

Die Biografien der Gesprächspartner legen nahe, dass der frühzeitige Wille, Verantwortung zu übernehmen, gepaart mit einem „Weltinteresse" im wernerschen Sinne, einem breiteren Erfahrungshorizont bereits in jungen Jahren, als Gegenstück zur eindimensionalen Karriere-Fokussierung, hilfreich sind, ein entsprechendes Wertegerüst zu entwickeln. Gifford umschreibt ihre eigene Motivationslage im Sinne eines produktiven Fernwehs als „raus, raus, raus".

Sicherlich mag der Zweifel mitschwingen, ob diese Aussagen verallgemeinerbar, statistisch repräsentativ sind. Sie könnten auch einer Stichprobenverzerrung, einem Selection Bias, unterliegen. Fallen einem nicht, zumal in unterschiedlichen Kulturkreisen, Gegenbeispiele in der Grundgesamtheit an Unternehmern und Managern der Gegenwart ein? Mit Sicherheit. Gleichzeitig erscheint es mir, auch vor dem Hintergrund demografischer und gesellschaftlicher Entwicklungen, einen intakten Trend zu geben.

2. Die Leistung zählt

Kaum einhelliger könnte der Impuls aus dem Kreis der Gesprächspartner sein, die Leistung als entscheidende Triebfeder für die Bindungskraft von Führungskräften und Attraktivität von Arbeitgebern stärker zu betonen.

Das beginnt zunächst einmal bei sich selbst, bei der Freude am täglichen Sich-Verbessern. Hier gilt, wie Wintels sagt, der kantsche Imperativ. Zinkann hebt den Grundansatz hervor, immer den Versuch zu unternehmen, leistungsfähigere Teammitglieder zu rekrutieren als sich selbst. Weimer leitet seinen Leistungswillen, stark motiviert durch Quervergleiche und Peer Pressure, autobiografisch her. In einem breiteren Kontext bringt es Leibinger-Kammüller auf den Punkt: „Ärmel hochkrempeln, etwas mehr und nicht weniger schaffen". Gifford beschreibt die angelsächsische, beispielsweise bei Microsoft erlebte „High Performance"-Kultur.

Die besondere Kunst scheint darin zu liegen, den individuellen Leistungswillen in eine kollektive Leistungskultur des Unternehmens zu überführen. Goldbeck betont hierzu den Unternehmenswert der Leistungsbereitschaft als positive Ambition, nicht als „kapitalistischen Schleiferbegriff".

Gleichzeitig ist feststellbar, dass die Präferenzgerüste in den verschiedenen Generationen einem Wandel unterliegen. Eine stärkere Differenzierung von Laufbahnen wird erforderlich werden, oder, wie Weimer es prägnant formuliert, die Vermeidung eines „Einheitsbreis".

3. Entscheidend ist das Führen und Entscheiden

Führung ist eine Dienstleistung für das Unternehmen. Sich auch mit den theoretischen Grundlagen des Führens auseinanderzusetzen, empfehlen im Besonderen Weimer, Gifford und Zinkann – letztere mit speziellem Verweis auf die Rolle der Führungskraft als Coach und den Ansatz des Servant Leadership. Kern dieser Dienstleistung sind die Befähigung des Teams und das Entscheiden. Entscheidungswille und -freude sind somit elementare Anforderungen an Führungskräfte.

Der Selbstständigkeit und Eigenverantwortung kommt hierbei eine hohe Bedeutung zu. Goldbeck betont den Unternehmergeist, den er in der Breite schüren will. Zinkann erwartet eine unternehmerische Interpretation in der Aufgabenwahrnehmung seiner Führungskräfte, keine Rück-Delegation, eine „Creators' Culture". Werner stellt heraus, dass der Grad des Unternehmertums der gesamten Arbeitsgemeinschaft von dem jedes einzelnen Mitglieds abhängt.

Insgesamt hat das Aufgabenspektrum für Führungskräfte deutlich zugenommen, zum Beispiel in der Verantwortung, Anziehungskraft und Bindung als Talentmagneten zu entfalten oder die neue hybride Arbeitswelt mit Geschick zu gestalten. Wintels stellt dabei zu Recht fest, dass es noch nie so spannend, gleichzeitig aber auch noch nie so anspruchsvoll gewesen ist, Führungskraft zu sein. Dies gilt nicht nur, aber ganz besonders für die Teamleitenden in ihrer wichtigen Transmissionsrolle.

Daraus leitet sich ein klarer Handlungsimpuls ab: Unternehmen müssen sich stärker in der Auswahl und Förderung ihrer Führungskräfte engagieren.

4. Die Arbeit an sich selbst hört nie auf

Führung erfordert das Bewusstsein, dass weder eine Organisation noch Führungspersönlichkeiten, man selbst eingeschlossen, fertig entwickelt sind. Lebenslanges Lernen ist eine nicht delegierbare Aufgabe für jeden. Den Zustand des permanenten Werdens zu erhalten, ist auch die Kernanforderung aus dem Triptychon-Bild im Alphabet.

Gifford beschreibt hierbei, dass sie oftmals wahrnehme und auch bei sich persönlich erlebe, wie herausfordernd es ist und wie sehr es einer regelmäßigen Weiterentwicklung bedarf, den Werkzeugkasten der Führungsinstrumente immer wieder so zusammenzubringen, dass etwas „gutes Ganzes" daraus wird.

Eine zu selten thematisierte, vielleicht da oftmals als zu intim empfundene Fragestellung ist, welche Instrumentarien Führungskräfte hierfür nutzen können: Das beginnt bei dem zinkannschen digitalen Zettelkasten, geht über das regelmäßige Innehalten und die Reflexion mit Beratern und Freunden durch Wintels bis hin zur Schaffung kleinerer organisatorischer Lern-Saugnäpfe an wichtigen Innovationszentren durch Goldbeck.

Gleichzeitig betont Weimer auch die Grenzen der Weiterentwicklung, die Notwendigkeit, eine charakterliche Grundprägung ab einer gewissen Lebensphase zu akzeptieren und sich primär der Kultivierung seiner Stärken zuzuwenden.

Jede berufliche Biografie ist auch durch Phasen des beschleunigten Lernens, der Sprünge in kalte Gewässer gekennzeichnet. Leibinger-Kammüller und Gifford schildern dies eindrucksvoll auch mit Blick auf ihre frühen Pionierrollen als führende Repräsentantinnen im Wirtschaftsleben.

Es scheint, dass mit zunehmender Erfahrung, natürlich immer die zeitliche Möglichkeit vorausgesetzt, Systematik in der

Vorbereitung auf eine neue Position die Improvisation ersetzt. Weimer beschreibt, dass er anfangs eher in neue Rollen hineingesprungen sei. Bei der Deutschen Börse habe er, ebenso wie Wintels bei der KfW, am ersten Arbeitstag schon sehr genau gewusst, was er wie angehen wird.

Wirksamkeit von Beginn an nimmt an Bedeutung zu, zumal die oftmals formulierte Spanne von 100 Tagen zur Positionsfindung in Zeiten von sich beschleunigender Veränderungsgeschwindigkeit nicht mehr gewährt wird.

5. Wider den Mister X: Position beziehen in gesellschaftlichen Debatten

Die Primärverantwortung von Führungskräften im Wirtschaftsleben besteht sicherlich darin, das eigene Unternehmen zukunftsfest aufzustellen. Man hat bisweilen den Eindruck, dass manche es nicht als Bestandteil des Stellenprofils erachten, sich darüber hinaus in gesellschaftliche Debatten einzubringen.

Meine Gesprächspartner sehen das anders. In Zeiten, in denen eine hohe Elitenskepsis vorherrscht und der gesellschaftliche Zusammenhalt zunehmend schwindet, sollte Position bezogen, nicht die Strategie des Mister X an den Tag gelegt werden. Goldbeck beschreibt das als sehr ernstes Anliegen, als einen „zutiefst sozialen Imperativ“, Fehlwahrnehmungen zu korrigieren. Leibinger-Kammüller formuliert den Appell, dass Wirtschaftsvertreter sich nicht immer hinter der Politik verstecken sollten. Gifford berichtet von praktischen Erfahrungen in der Beratung des politischen Berlins. Wintels sieht das Engagement sogar als nicht delegierbare Verpflichtung, als Grundvoraussetzung für unser demokratisches Gemeinwesen.

Bei aller Übereinstimmung im Grundsatz sollte jeder das für sich wirksame und authentische Format finden, im Spektrum der verschiedenen Kanäle und Zielgruppen.

6. Arbeitgeber-Attraktivität ist Chefsache

Arbeitgeber-Attraktivität bildet, neben Digitalisierung und Nachhaltigkeit, eine der zentralen querschnittlichen Gestaltungsaufgaben unserer Zeit, die für jede Organisation von zentraler Bedeutung sind. Dabei fällt es schwer, Arbeitgeber-Attraktivität als Phänomen zu kapseln. Leibinger-Kammüller hebt hervor, dass sie überall gespürt werden und durch das Unternehmen „wabern" müsse.

Eine einfache Delegation des Themas Arbeitgeber-Attraktivität ist nicht möglich, selbst dann, wenn es im Unternehmen eine eigenständige Vorstands- oder Geschäftsführungsrolle für Personal gibt. Das ist nicht überraschend, stellt sie doch das Ergebnis ganz unterschiedlicher Zutaten, sei es des Unternehmenszweckes, der Unternehmenswerte, des Markterfolges, der Führungskompetenzen oder der Qualität der Personalprozesse dar. Folgerichtig ist die Verantwortung für Arbeitgeber-Attraktivität auch CEO-Aufgabe. Insbesondere Weimer und Wintels formulieren und fordern dies explizit.

Ein interessanter Beifang am Rande: Teamorientierte Führungsansätze gewinnen gegenüber hierarchischen an Bedeutung, wie Zinkann es mit dem Prinzip „Ideas over Hierarchy" beschreibt. Auch das landläufig eher kritisch beäugte Führungsmodell einer Doppelspitze findet sowohl bei Goldbeck, Zinkann, als auch bei mir selbst eine positive Rezeption.

7. Kommunikation: Funken auf allen Kanälen

Der Kommunikation kommt eine zentrale Rolle als grundlegende Disziplin der Arbeitgeber-Attraktivität zu. Dies gilt umso mehr, da die Organisationsgrenzen zerfließen und der innere Kulturzustand eines Unternehmens, auch durch Bewertungsplattformen für Arbeitgeber, nach außen immer transparenter wird.

Wintels taxiert den Erfolgsbeitrag der Kommunikation bei mindestens 50 Prozent. Werner sieht Transparenz als einen der beiden wesentlichen Erfolgsfaktoren für unternehmerisches Handeln des Einzelnen. Leibinger-Kammüller hebt den Vorteil hervor, dass regelmäßige Kommunikation Überraschungseffekte in der Belegschaft, auch und gerade bei unbequemen Entscheidungssituationen wie zum Beispiel Kostenprogrammen, zu vermeiden hilft. Gifford betont, dass Entscheidungen durch die Unternehmensleitung begründet und ihre teambezogene Relevanz verdeutlicht werden müssen.

Dabei fällt auf, dass die innerbetriebliche Kommunikation zum einen strukturierter und durchdachter, zum anderen breiter und partizipativer wird beziehungsweise werden sollte. Feste Rhythmen prägen die Kommunikation mit den Führungskräften, dabei werden die konzentrischen Kreise der Einbindung immer breiter, gerade auch zugunsten der untersten Führungsebenen. Standortbesuche für Townhalls, für Rundgänge im Team zu nutzen, sollte gemäß Weimer und Zinkann alltägliche Praxis sein.

Es wird darüber hinaus, wie Goldbeck es formuliert, auf allen Kanälen, auch digitalen, gefunkt: Videobotschaften, ein lebendiges und diskussionsfreudiges Intranet, Social Media. Es geht darum, Transparenz und Überzeugung zu erreichen, statt die Meinungshoheit dem Flurfunk zu überlassen.

Doch gilt es auch, die Grenzen zu kennen, wie Weimer mahnt, ein Überangebot, eine Übersättigung zu vermeiden. Wintels betont, die Wirkung der CEO-Kommunikation nicht zu überschätzen, insbesondere die Überzeugung der Führungskräfte als Botschafter in den Mittelpunkt zu rücken. Authentizität ist für Goldbeck besonders wichtig: hohe Frequenz und Offenheit ja, „weich gekochte CEO-Kommunikation" nein.

8. Personalprozesse: doch mehr als nur ein Hygienefaktor

Arbeitgeber-Attraktivität ist weit mehr als das Vorhandensein funktionsfähiger Personalprozesse. Goldbeck formuliert, das sei Handwerkszeug, eigentlich ein Hygienefaktor. Gleichzeitig stellt er, wie auch Gifford, fast überrascht fest, dass sie gerade keine Selbstverständlichkeit darstellen, sie durchaus zur Begeisterung bei neuen Teammitgliedern führen können, da die entsprechende Qualität bei den vorherigen Arbeitgebern nicht erlebt wurde. Das bestätigt die These des Alphabets, dass viele Unternehmen noch umfangreiche Hausaufgaben vor sich haben, ihre HR-Prozesse auf das Niveau ihrer Aktivitäten in der primären Wertschöpfungsstrecke anzuheben.

Dabei geht es um die „vollständige Hafenrundfahrt durch die Personalprozesse" (Goldbeck). Für Weimer stehen insbesondere der persönliche Einsatz im Recruiting sowie die Überleitungsquote nach Praktika im Vordergrund, Wintels hebt die Personalentwicklung gerade von Führungskräften hervor, für Zinkann ist das Onboarding neuer Teammitglieder, das Vertrautmachen mit dem Unternehmen als Ganzem und seinen Werten sowie die Willkommenskultur am ersten Tag besonders bedeutsam. Werner berichtet, dass er bei der Analyse von Personalindikatoren den Entwicklungsrichtungen eine höhere Bedeutung beimisst als den absoluten Werten. Weimer thematisiert den Zielkonflikt beziehungsweise die Abwägung zwischen Zentralität und Dezentralität in der Personalarbeit am Beispiel eines nach Legal Entities strukturierten Konzerns. Für Gifford ist die Kongruenz in Sachen Diversität zwischen den eigenen Kunden beziehungsweise Plattformen-Nutzern und der Belegschaft von zentraler Bedeutung.

Leibinger-Kammüller stellt in diesem Zusammenhang als übergreifende These heraus, dass sich aus ihrer Sicht wirklich gute Unternehmen von weniger guten dadurch unterscheiden, dass sie überall, auch in den Personalabläufen, exzellent sind, nicht nur im Produkt.

Jede Unternehmensleitung sollte selbstkritisch hinterfragen, ob die Personalprozesse dem eigenen Anspruch und dem im Wettbewerb erlebbaren Niveau gerecht werden.

9. Ganzheitlichkeit: raus aus den Silos

Arbeitgeber-Attraktivität ist, wie bereits dargestellt, eine interdisziplinäre Herausforderung. Im Alphabet wird daher eine hohe Systematik im Vorgehen empfohlen. Dies umfasst die integrale Berücksichtigung in der Gesamtstrategie des Unternehmens, wie Wintels es mit der Einbindung als Priorität in KfWplus bestätigt. Darüber hinaus betonen Weimer und Wintels die Notwendigkeit, die drei Unternehmensfunktionen Strategie, Kommunikation und Personal für diese Aufgabe eng verknüpft in die Pflicht zu nehmen, mit jeweils unterschiedlich vergebener Primärverantwortung.

Der Appell zum Aufbrechen der Silos in Organisationen geht jedoch weit über die Etablierung eines Programms zur Arbeitgeber-Attraktivität hinaus. Es ist von zentraler Bedeutung, „heiße Kartoffel"-Phänomene, seien sie vertikal oder horizontal, nachhaltig zu vermeiden. Es gilt, eine stärker querschnittliche Prozess- und Kundenorientierung zu verwirklichen. Ein entscheidendes Instrument betonen Gifford und Wintels mit der Rotation von Führungskräften, letzterer, indem er formuliert: Die Zeiten von „einmal Fixed Income-Händler, immer Fixed Income-Händler" sind vorbei. In diesem Zusammenhang kommt der Komplexitätsreduktion, dem produktiven Entlernen in Organisationen, wie Werner es mit seinem Ashram-Bild darstellt, eine hohe Bedeutung zu.

Diese Durchlässigkeit und integrative Sicht auf das Gesamtunternehmen herzustellen, bildet gleichwohl immer noch eines der dicksten Bretter, stellt eine der größten Gestaltungsherausforderungen für die Zukunft dar.

10. Zum Abschluss noch einmal: z(eitlos)

Die Themen sind zeitlos, beschäftigen Generationen, vor uns und nach uns. Es sei noch einmal an Marc Aurel erinnert: „Bei allem, was Du tust, gehe besonnen zu Werke und so, dass Du dabei die höchsten Grundsätze im Auge hast."

Autorenvita

Cornelius Riese, geboren 1975 in Heidelberg, ist Vorstandsvorsitzender der zweitgrößten deutschen Bank, der dem genossenschaftlichen Bankensektor zugehörigen DZ BANK AG. Ehrenamtlich bringt er sich vielfältig in den Bereichen Bildung, Wissenschaft und bürgerschaftliches Engagement ein. Er ist verheiratet und hat drei Kinder.